L'ART

DE

GAGNER DE L'ARGENT

RENDU FACILE ET AGRÉABLE

ET MIS A LA PORTÉE DE TOUS

PAR

MELCHISEDECH ROTHSCHILD.

---

50 centimes.

PARIS,

JULES LAISNÉ, LIBRAIRE.

PASSAGE VÉRO-DODAT.

1848

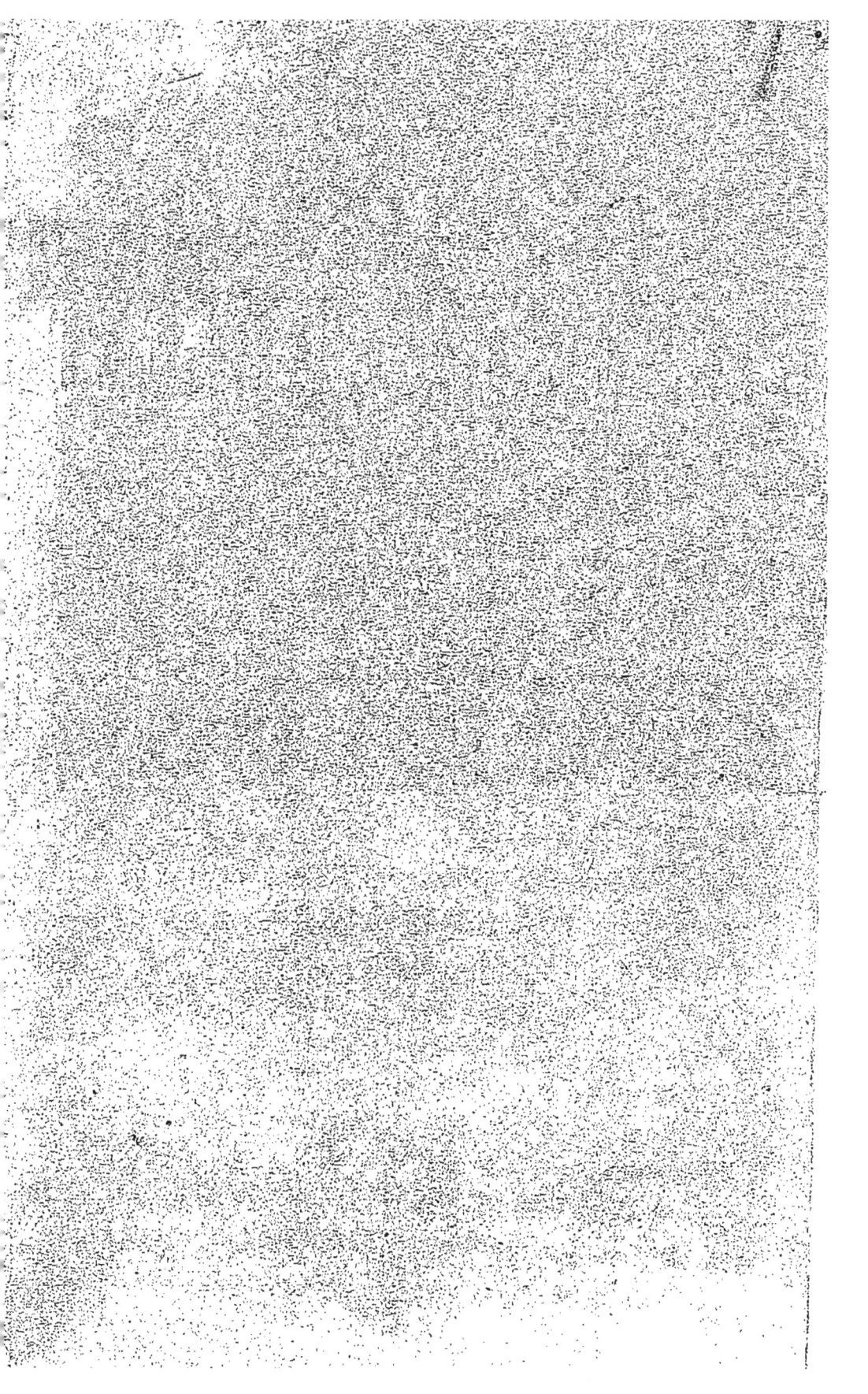

L'ART

DE

GAGNER DE L'ARGENT.

PARIS — IMPRIMERIE DE BOULÉ, RUE COQ-HÉRON, 3.

L'ART

DE

GAGNER DE L'ARGENT

RENDU TOUT A LA FOIS FACILE ET AGRÉABLE
ET MIS A LA PORTÉE DE TOUS,

PAR

MELCHISEDECH ROTHSCHILD,

Banquier à Capharnaum.

TRADUIT DE L'HÉBREU SUR LA DERNIÈRE ÉDITION,

Par NATHAN LE SAGE.

PARIS,

JULES LAISNÉ, LIBRAIRE,

PASSAGE VÉRO-DODAT.

—

1848

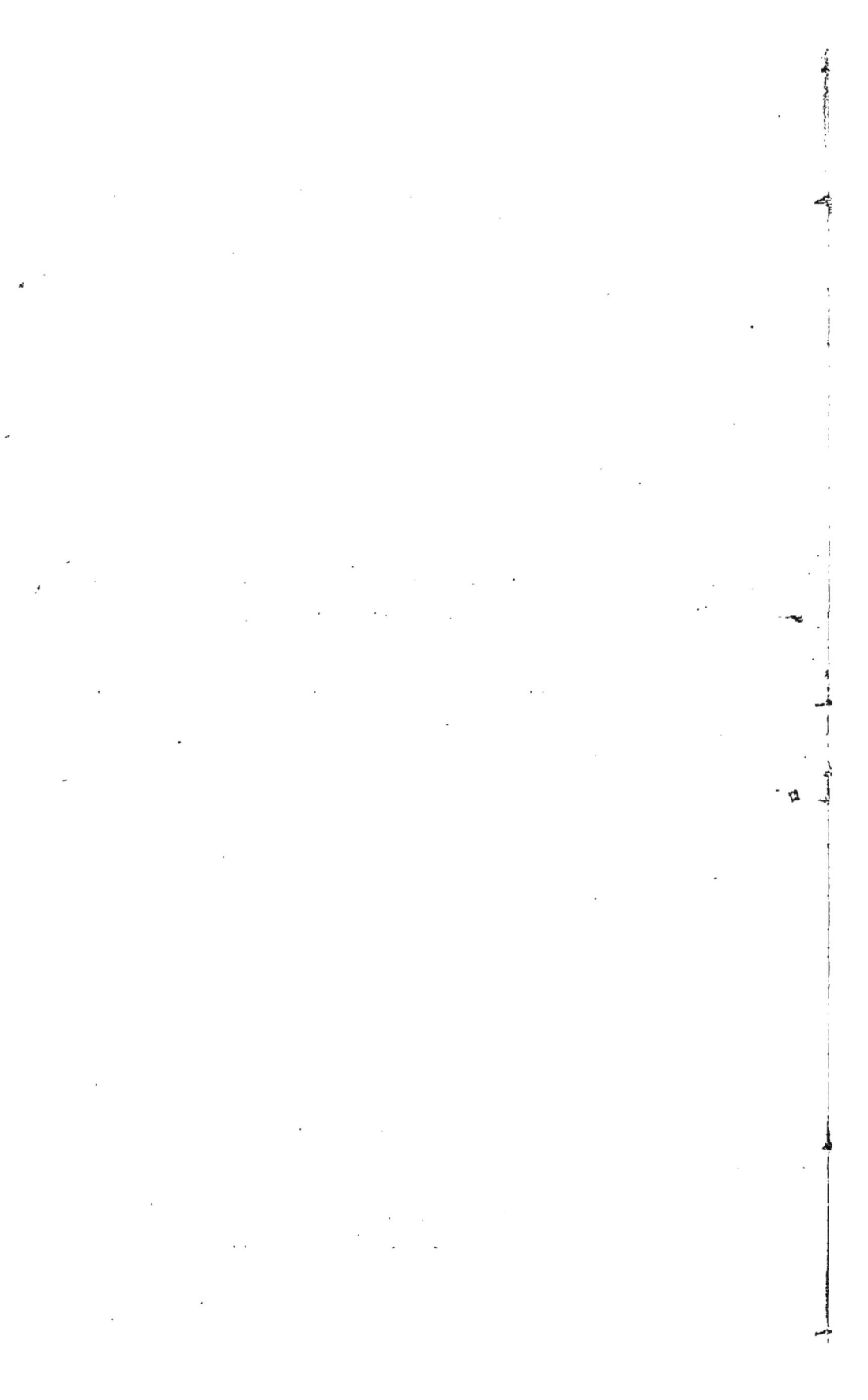

PRÉFACE.

J'espère bien que la critique daignera trouver que ce petit livre ne manque pas tout au moins du mérite de l'actualité. L'Art de gagner de l'argent, *rendu facile et agréable, et mis à la portée de tous !* Etait-il possible de mieux exploiter la grande préoccupation du siècle où nous vivons? Quel est celui qui ne dépenserait pas de bon cœur 50 centimes pour apprendre à devenir millionnaire, si le cœur lui en dit ?

Je n'hésite donc pas, tant j'ai la conscience de la valeur intrinsèque et de l'à-propos de mon livre, à l'adresser à l'Institut de France, académie des sciences morales et politiques, et à le mettre sur les rangs pour le grand prix Monthyon de l'an prochain.

Il y a plus, et je le proclame hautement : le gouvernement commettra une lourde faute et manquera à tous ses devoirs, s'il n'en fait pas acheter 38,000 exemplaires chez mon éditeur, pour être envoyés aux 38,000 communes de France et rester déposés dans les mairies à côté des listes électorales, afin que chacun puisse le lire et faire son profit des grandes, des incontestables vérités que j'y développe.

On me taxera peut-être d'immodestie ; je m'en ris, car rien que sur le vu du titre de sa publication, mon éditeur en avait vendu au commerce de Paris et des départemens 100,000 exemplaires. Pourriez-vous dans ce siècle, où pourtant le dernier des grimauds n'imprime pas un livre qu'il ne s'en enlève 10,000 exemplaires le jour même de la mise en vente (ce sont les journaux qui l'affirment) ; pourriez-vous, dis-je, me citer un succès qui approche du mien ?

Je consens cependant à reconnaître avec vous qu'il tient un peu, beaucoup peut-être, au tact avec lequel j'ai su donner enfin satisfaction à un besoin mal défini, sans doute, mais généralement senti depuis long-temps.

L'ART DE GAGNER DE L'ARGENT, *rendu facile et agréable, et mis à la portée de tous!* Qui ne voudrait apprendre cet art si charmant, aujourd'hui surtout que l'argent est si dur à gagner, que la plupart n'en connaissent guère la valeur que parce qu'il leur a toujours manqué? « Il n'y a plus d'argent nulle part : c'est la crise commerciale qui l'a fait disparaître, dit l'un ; non, dit l'autre, c'est la crise monétaire, suite de la crise alimentaire. » Un point sur lequel chacun est d'accord, c'est que jamais le commerce ne fut plus bas, les affaires plus détestables. « Voilà trois mois que je ne fais plus absolument rien, crie un marchand ; je ne vends plus assez pour couvrir mes frais de maison, riposte son voisin ; » et tous s'accordent à crier misère. La meilleure preuve à donner de l'immense valeur de l'argent, n'est-ce pas que chacun de nous, grands ou petits, court sans cesse après lui, et que tout languit et dépérit là où il est absent ?

Aujourd'hui les hommes les plus haut placés sur l'échelle sociale, n'apprécient que l'argent, n'honorent que l'argent, et n'ont d'autre ambition que d'en gagner le plus possible. La fortune, voilà le but unique vers lequel chacun tend. N'est-ce donc pas rendre un service signalé à tous, que de leur enseigner une manière sûre et agréable de capter la bienveillance de cette capricieuse déesse ; et n'est-ce pas là vraiment aussi un art bien charmant ? Il n'y a pas, j'ose le croire, parmi mes lecteurs, un seul individu assez incivil pour me démentir. Seulement, je les vois d'ici tous impatiens de connaître enfin les mystérieux arcanes du grand œuvre. Un peu de patience, messieurs, je vous en prie ! La matière est grave, la tâche que j'assume est sérieuse, et il ne faut pas trop m'ahurrir de questions et d'interrogations ; car j'espère bien que vous n'avez pas la prétention de me forcer à m'expliquer dès les premières phrases que j'aie encore pu prononcer. Je vous ai annoncé une préface et ne vous dois ici rien de plus. Si vous êtes plus pressés que moi, sautez ces feuillets inutiles, suivant vous... Ce que je puis vous affirmer, en attendant, c'est que mon livre ne contient absolument que les vérités les plus positives, les plus incontestables, les plus incontestées, et que tout ce que promet le titre que j'ai pris, le livre le tient. Quand vous m'aurez lu, force vous sera de convenir qu'en suivant les conseils que je me suis permis de vous donner, on ne peut que doubler la somme de gains et de profits qu'on a pu faire jusque alors, et aussi éviter des pertes sans nombre. J'ai cru devoir partout m'en tenir aux préceptes généraux, sans entrer dans les détails. Il y a, en effet, tant de manières différentes de gagner de l'argent que, quoique je ne les indique ici que par voie de généralités, il n'y a que celui qui le voudra bien, qui ne fera pas son profit de mes avis et de mes instructions.

Capharnaum, 1er février 1848.

Melchisedech ROTHSCHILD.

L'ART

DE

GAGNER DE L'ARGENT.

CHAPITRE PREMIER.

De l'origine et de l'invention de l'argent.

Quand les hommes s'avisèrent pour la première fois de trafiquer, de faire du commerce, ils ne se servirent pas tout de suite d'argent monnayé. En effet, ils n'avaient aucun besoin d'un signe représentatif quelconque de la valeur des objets qu'ils vendaient, puisqu'ils se bornaient à procéder entre eux par voie d'échange. Or, comme dans l'enfance du monde les uns étaient uniquement laboureurs et les autres pasteurs, ceux-là troquaient leur blé contre le bétail de ceux-ci ; méthode assurément fort simple, fort naturelle, et qui est restée en vigueur jusqu'à ce jour parmi tous les peuples primitifs. Mais, avec la suite des temps, les matières d'échange augmentèrent en nombre, le luxe naquit, et avec le luxe les besoins des hommes s'accrurent. Il y eut dès lors nécessité d'inventer un autre mode de trafiquer, et ce fut l'argent monnayé. Ce signe représentatif de toute espèce de valeurs et d'objets est connu depuis si long-temps, que l'historien Josèphe nous apprend que Caïn (le fils d'Adam, le premier né des hommes) était extrêmement avide d'amasser de l'argent. Je dois toutefois ajouter qu'il omet de nous apprendre si c'était de l'argent monnayé, comme celui dont nous faisons usage, ou bien de l'argent en barre, un métal précieux quelconque, ou encore quelque autre matière. Hérodote affirme que les premiers qui frappèrent des monnaies d'or et d'argent pour acheter et vendre, furent les Lydiens. Déjà, en effet, l'or et l'argent, considérés comme les plus précieux d'entre les métaux, étaient tellement prisés de chacun, que celui qui en possédait n'avait qu'à le donner pour se procurer toutes les commodités de la vie. Homère remarque qu'avant le siége de Troie les hommes avaient coutume de procéder entre eux par voie d'échange; cependant il est incontestable que l'argent monnayé était connu et en usage à une époque bien autrement reculée. Nous voyons en effet dans la Bible que, lorsque Abraham acheta la caverne de Machpelah et le champ où elle était située pour en faire le lieu de sépulture de sa famille, il en donna 400 sicles d'argent, qui, à ce que nous apprennent les textes sacrés, étaient alors la monnaie courante entre marchands. Ceci se passait l'an du monde 2088, c'est-à-dire près de 700 ans avant le sac de Troie. Quoique l'argent eût dès lors cours entre marchands, reste à savoir s'il était ou non monnayé. Il paraît certain qu'il tirait alors sa valeur plutôt de son poids intrinsèque que de l'empreinte qu'il pouvait porter. Les savans ayant démontré que le sicle pesait un quart d'once et valait 1 fr. 50 c., argent de France, il en résulte qu'Abraham paya le terrain dont il voulait faire le lieu de sépulture de sa famille environ 640 francs.

Il est aussi question, dans les textes sacrés, de pièces d'argent, de bekas et de drachmes qui étaient la monnaie courante parmi les nations étrangères de ce temps-là. Abimélech, roi de Gerar, ayant enlevé l'épouse d'Abraham, parce qu'il supposait que c'était sa sœur, dès qu'il sut ce qu'il en était réellement, lui rendit non seulement sa femme, mais lui donna encore mille pièces d'argent ou drachmes, valant chacun environ 3 fr., argent de France. C'était donc une indemnité de mille écus que ce prince faisait accepter à notre saint patriarche pour qu'il daignât lui pardonner cet acte de violence injustifiable; mille écus, c'est-à-dire un présent vraiment royal pour ce temps-là. Il en coûte bien moins aujourd'hui à la sixième chambre.

Mais, outre les drachmes, les bekas et les sicles, il y avait encore chez nos ancêtres le talent, dont le poids était de 750 onces. Un talent d'argent (car il y avait aussi des talens d'or) valait, en prenant pour étalon la monnaie ayant actuellement cours en France, environ 6,784 fr.; et il est très souvent question dans les saintes Ecritures de ces différentes espèces de monnaies. Je n'ai pas besoin d'invoquer le texte de la Bible pour prouver qu'aussi bien que les Israélites, les Grecs et les Romains frappaient des monnaies qui tiraient leur valeur de leur poids et de leur empreinte. On voit dans l'histoire qu'on frappa pour la première fois des monnaies d'argent à Rome l'an du monde 3672, ce qui revient à l'an 300 avant l'ère adoptée par les nations modernes. S'il faut s'en rapporter aux historiens et chroniqueurs grecs, ce

fut dans l'île d'Egine qu'on eut pour la première fois l'idée
de frapper des monnaies d'argent. Celles de Rome portaient
l'empreinte d'un charriot attelé de chevaux. Janus, dit la
fable, fit frapper le premier des monnaies d'airain avec une
effigie d'un côté, et de l'autre un vaisseau, en mémoire de
Saturne, qui était arrivé en Italie à bord d'un vaisseau. Ser-
vius Tullius, l'un des sept rois qu'ont eus les Romains avant
de se constituer en république, fut le premier qui fit frapper des monnaies d'airain portant l'image d'un mouton et
d'un bœuf.

L'emploi des métaux précieux pour signe représentatif de
la valeur des objets échangés indique déjà chez les peuples
qui y ont recours un état de civilisation assez avancé. Nous
voyons qu'avant d'en arriver là, les Carthaginois s'étaient
servis de monnaies de cuir, les Romains de monnaies de
terre cuite, et plus tard aussi de monnaies de cuir, *asses
scortei*. Ces sortes de pièces étaient en usage du temps de
Numa Pompilius. Il y a à peine trois cents ans qu'une noble
et généreuse nation européenne, chez laquelle nos co-reli-
gionnaires ont toujours éprouvé les meilleurs traitemens et
excité les plus vives sympathies, a dû donner au monde
l'exemple de ce retour aux pratiques de l'enfance des sociétés. Les Hollandais se sont vus, en effet, dans la nécessité
de recourir, eux aussi, à l'emploi d'une monnaie de cuir,
alors qu'ils luttaient avec toute l'énergie du désespoir pour
défendre leur liberté contre la tyrannie du sombre Philippe II, et les numismates se disputent aujourd'hui les quelques exemplaires de ces monnaies, dites *obsidionales*, qui
ont échappé à l'action du temps et au mépris ingrat des

générations suivantes., plus heureuse à cet égard que celles qui les avaient précédées.

J'en pourrais dire encore bien long sur l'origine et l'invention de l'argent monnayé, citer les *coquillages* qui, sur la côte d'Afrique, servent de monnaie courante, les *nègres* acceptés généralement aussi comme monnaie courante, quoique peu portative., sur un grand nombre de points du globe ; mais je ne dois pas oublier que je n'ai pas pris la plume pour faire étalage de vaine érudition. M'est avis donc que j'en ai dit assez pour démontrer que l'usage de l'argent remonte à la plus haute antiquité, et je terminerai ce chapitre en apprenant à mes lecteurs que chez les anciens la monnaie était réputée *chose sacrée*, et qu'on ne la fabriquait que dans les temples. Quand il s'agit d'exemples utiles , de bon sens pratique, c'est toujours aux annales de l'antiquité qu'il faut s'adresser.

CHAPITRE II.

Dè là misère et de l'infortune de ceux qui manquent d'argent, et qui,
pour s'en procurer, contractent des dettes.

Il n'y a, certes, pas un seul homme sensé qui aime l'argent pour lui-même ; il ne le prise qu'en raison de l'usage qu'on en peut faire. Arrive une famine, un long siége, et il se pourra qu'on n'ait pas un morceau de pain à se mettre sous la dent, quoiqu'on ait chez soi des monceaux d'or et d'argent. Donc, n'aimons pas l'argent pour lui-même , mais uniquement pour l'usage qu'on en peut faire, et parce que, comme l'a dit notre grand roi Salomon, *avec de l'argent on a tout ce qu'on veut.* Si on réfléchit qu'on ne peut rien avoir sans argent, on en conclura bien vite que celui qui n'en a pas doit être et est véritablement très malheureux.

Dans ce siècle tout positif, la charité est devenue si faible, que bien fou serait celui qui compterait sur son secours pour se tirer d'affaire. Ayez froid, ce ne sera pas la charité qui vous réchauffera ; ayez faim, ce ne sera pas non plus elle qui vous remplira le ventre. Ayez de l'argent ou trouvez-en, et ce sera une autre paire de manches.

Avec de l'argent, vous serez, quand vous voudrez, juré, électeur, député, juge au tribunal de commerce, chevalier de la Légion-d'Honneur, baron, que sais-je encore ? Si vous

manquez d'argent, vous ne serez pas même admis dans les
cadres des aspirans-surnuméraires, amis du prince et de
l'ordre public, parmi lesquels M. le préfet de police recrute
l'honorable corps des sergens de ville. Si infime que soit une
semblable position dans la hiérarchie administrative, vous
ne l'obtiendrez jamais si vous n'avez pas l'appui de quelque
puissant protecteur. Or, on ne se fait des protecteurs qu'avec
des pots-de-vin ; et le moyen, je vous demande un peu, d'offrir des pots-de-vin quand on n'a pas le sou.

Ayez de l'argent, on ne manquera jamais de dire et de ré-
péter de vous que vous êtes vraiment un bien honnête homme, un galant homme dans toute la force de l'expression.
N'ayez pas d'argent, et vous ne serez qu'un méchant drôle,
un fripon.

Avisez-vous de prendre des renseignemens sur le compte
de quelque homme riche, parmi ses voisins : on ne tarira pas
en éloges sur sa probité, quoique ce soit peut-être bien le
plus fieffé coquin qui existe de Paris à Rome. Mais, voyez-
vous, il a de l'argent et cela fait tout pardonner, tout oublier. Tel que vous me voyez, moi, aujourd'hui roi de la
haute banque à Capharnaum, je suis entré dans cette ville
avec mes bottes suspendues à un gourdin placé sur mon
épaule. J'allais le plus souvent nu-pieds dans la crainte de
les user trop vite, vendant le long de la route de vrais fou-
lards de l'Inde à treize sous, pour gagner ma vie. J'avais
compté sur l'appui et la protection d'un mien parent, Ju-
das Iscariote, banquier et trois fois millionnaire, pour
faire mon petit bonhomme de chemin comme lui et comme
tant d'autres. Mon brave homme d'oncle, le propre frère

de feu ma mère, ne voulut seulement pas me reconnaître, et donna ordre au suisse de son hôtel de me rosser d'importance, si jamais j'osais revenir mendier à sa porte. Je ne me décourageai pourtant pas : je fis au contraire si bien des pieds et des mains, que je parvins à amasser quelques centaines de francs avec lesquels j'achetai une petite pacotille, moitié comptant, moitié à terme. Mon exactitude à m'acquitter aux époques convenues me fit ouvrir un plus large crédit chez les marchands qui, les premiers, avaient eu confiance en mon intelligence et en mon activité. Mes affaires s'accrurent ; elles finirent par me mettre en relation avec mon oncle, qui se ressouvint alors fort bien que j'étais son neveu et qui à sa mort le prouva, car il me laissa par son testament environ 500,000 francs qui ont été la base de la grande fortune que vous me connaissez. Six mois après, j'étais membre du conseil municipal et chevalier de la Légion d'Honneur, invité chez les ministres et aux bals de la cour. Trois ans auparavant, je vendais et achetais encore des contremarques à la porte des théâtres ; certes, j'étais bien toujours le même homme, et cependant voyez la différence ! C'est l'argent, entendez-vous bien, l'argent seul, qui avait produit cette métamorphose !

Cela me rappelle une aventure récemment arrivée à mon neveu Jacob, *la fine fleur des pois* de l'aristocratie nouvelle, comme vous savez. Un jour qu'il s'était grisé de compagnie avec une douzaine de ducs et de marquis, qu'il avait invités à chasser sur une de mes terres, il rencontra sur la grande route un paysan suivi de son chien. Il trouva drôle d'agacer ce chien fort inoffensif, qui crut de son droit de se rebiffer.

Mon neveu alors vous l'étendit raide mort à ses pieds èn l'embrochant courageusement avec son couteau de chasse. Passe par là un gendarme qui, aux cris de cet imbécile de paysan, vous empoigne sans plus de façon M. Jacob et vous le conduit par devant M. le brigadier. Le délit était flagrant : le brigadier n'était pas non plus fâché de pouvoir vexer à son aise un particulier qui lui paraissait cossu et aviné par dessus le marché. Il prit donc en commençant son air le plus terrible, assura au pauvre paysan que justice bonne et prompte allait lui être rendue, et procéda du ton le plus rébarbatif à l'interrogatoire du délinquant. Ah ! si vous aviez vu la révolution subite qui s'opéra sur son visage et dans son esprit, dès que mon neveu lui eut déclaré ses nom et qualités... «Comment, manant, dit aussitôt notre brigadier au paysan, tu as le front de venir te plaindre, quand c'est toi qui es évidemment le coupable ! Ton chien n'était pas muselé ; en le tuant sur place et sans autre forme de procès, M. le baron a agi en bon citoyen : il a rendu service à toute la population du canton, et pour t'apprendre à vivre, je vais te déclarer un bel et bon procès-verbal ; moyennant quoi, tu en seras quitte pour une amende de 15 francs que nous saurons bien te faire payer. Va-t'en et n'y reviens plus, ou sans cela il y aura pour toi de la prison et tout le tremblement, attendu la récidive ! » Cette histoire est d'hier. Là, de bonne foi, croyez-vous que ce procès-verbal, au lieu de frapper le pauvre paysan, n'eût pas été dressé contre Jacob, si M. le brigadier n'avait pas su parfaitement qu'aujourd'hui on ne dresse plus de procès-verbaux contre ceux qui ont de l'argent, ou qui ont l'honneur d'appartenir à quelque famille riche, et par suite influente ?   2*

Le fait est, voyez-vous, que, du moment où on n'a pas d'argent il faut se résigner patiemment à subir les vexations les plus cruelles et les injustices les plus criantes ; car sans argent il n'y a pas moyen de se faire rendre justice.

Manquez d'argent, et puis venez à tomber malade : on dira que c'est chez vous suite d'ivrognerie. Il n'y a pas d'exemple, au contraire, qu'un homme riche ait jamais été trouvé ivre : c'est tout au plus si on avouera, en cas pareil, qu'il est indisposé. Tant il est vrai qu'au lieu de juger les hommes suivant la vérité et leur mérite, on ne les apprécie que selon qu'ils sont riches ou pauvres. Le riche est toujours la perle des honnêtes gens, encore bien qu'il soit peut-être au fond le plus mauvais gueux qui se puisse rencontrer à vingt lieues à la ronde. L'homme pauvre, au contraire, quelles que soient ses vertus, sa probité, du moment où il a besoin d'argent, n'est jamais qu'un fripon.

Qu'un riche imbécile vienne à proférer la plus grosse des niaiseries qui se puissent ouïr, et chacun l'applaudira, chacun l'admirera. Qu'un pauvre diable, homme d'esprit et de science d'ailleurs, ose le contredire, chacun haussera les épaules, car il n'a pas le sou.

Par conséquent, celui qui n'a pas d'argent est partout ici-bas un objet de mépris et de risée, quelque instruction, quelque esprit qu'il possède; tant Juvénal a eu raison de dire jadis :

Nil habet infelix paupertas durius in se
Quam quòd ridiculos homines facit.

« Ce qui fait que la pauvreté est chose si cruelle, c'est qu'elle rend les hommes ridicules. » En effet, la pauvreté va rarement seule. La moquerie, la raillerie, le mépris ne manquent au contraire jamais de la suivre, et ce sont d'ordinaire les plus sots, les plus ignorans et les plus débauchés qui se chargent de lui faire la conduite.

J'avoue qu'il fut un temps, il y a bien long-temps de cela, où la vertu en haillons était plus considérée que la sottise toute cousue d'or. Mais, dans le siècle de fer où nous vivons, le vice et la corruption ont fait de tels progrès, qu'on en est venu à penser généralement qu'un homme pauvre ne peut, ne doit être qu'un misérable et un coquin.

Tempora mutantur, et nos mutamur in illis.

« Les temps changent et nous changeons avec eux, » a dit avec raison Ovide. C'est ce qui fait qu'aujourd'hui, vu l'inconcevable misère de ceux qui manquent d'argent, on a raison de dire avec le sage : « Mille fois mieux vaut mourir qu'être pauvre. » A ce propos, il me revient en mémoire la réponse fort sensée d'un vieil avare à son fils, à qui il recommandait de ne jamais oublier ce précepte de Salomon : « Arrange-toi de façon à toujours avoir un sou dans ta poche. » Le fils prétendit que jamais feu Salomon n'avait rien dit de pareil. A quoi le vieil avare répondit que, s'il en était ainsi, Salomon était loin d'être l'homme sage qu'il avait cru jusque alors.

Aujourd'hui, l'argent est le seul Dieu qu'adore l'homme : il tient lieu de naissance, d'éducation, de beauté, d'honneur et de réputation. Il donne à ceux qui le possèdent la conviction qu'ils sont sages, encore bien que cette idée seule qu'ils ont d'eux-mêmes prouve qu'ils ne sont que des sots. Comme avec de l'argent on peut tout avoir, comme l'argent est partout si fort en honneur et en vogue, on ne doit pas être surpris qu'il y ait tant de gens qui soient disposés, pour s'en procurer, à vendre jusqu'à leur corps et leur âme.

Le manque d'argent n'a pas seulement pour inconvénient de rendre les hommes méprisés et ridicules ; il est encore l'inspirateur des mauvaises pensées, des mauvais desseins, conçus pour s'en procurer ; aussi un ancien a-t-il eu mille fois raison de s'écrier :

O mala paupertas, vitii scelerisque ministra!

« Misérable pauvreté, conseillère du vice et du crime! » En effet, elle corrompt et pervertit les plus nobles naturels, que leurs besoins forcent souvent de commettre des actions dont la seule pensée leur fait monter le rouge au visage au moment même où ils les commettent : comme par exemple d'emprunter de l'argent sans être capable de le rendre, de mentir pour déguiser et cacher leur pauvreté, de tromper et quelquefois même de duper leurs plus proches parens. Et tout cela, parce que, lorsqu'ils ont besoin d'argent, ceux-ci les raillent, les méprisent et souvent même ne veulent plus les reconnaître !

Supposez un ami à qui un homme a les plus grandes obligations ; que cet ami tombe à son tour dans le besoin et qu'il aille trouver celui qu'il a obligé autrefois. Alors, si cet homme ne peut pas faire autrement que de l'inviter à dîner, soyez sûr qu'il le placera au bas bout de la table et ne lui fera passer que les bas morceaux. Le maître de la maison provoquera souvent ses autres convives à boire ; mais quant à lui, il lui faudra demander vingt fois du vin à voix basse aux laquais avant que ceux-ci songent à en verser dans son verre. Pendant ce temps-là il devra endurer toutes les railleries dont il sera l'objet de la part de ceux des convives qui occupent le haut bout de la table, ou bien personne, pendant tout le repas, ne daignera faire attention à lui, ou plutôt chacun le considérera comme un trouble-fête. Ce sont là de ces choses si pénibles pour un esprit doué de quelque peu d'élévation et de générosité, que si la misère ne contraignait pas d'accepter de semblables invitations, on aimerait mille fois mieux dîner avec les chiens de monseigneur le duc d'Aumale, en son chenil de Chantilly.

D'ailleurs, quelques propos qu'on tienne à table, il faudra que cet homme, tombé dans le besoin, se garde bien d'essayer de placer son mot (quoique peut-être il pût parler plus pertinemment sur le sujet en discussion que tous ceux qui sont là) ; il lui faudra donc écouter sans sourciller les plus grossiers mensonges, les plus absurdes sottises qui se puissent débiter, garder le silence et se résigner à avoir l'air d'un individu qui ne sait ni ne comprend rien.

Certes, si on prenait dûment en considération toutes les misères qui proviennent du manque d'argent, on préférerait manger du pain sec chez soi, plutôt que de participer à la succulente nourriture d'autrui et de lui en rester redevable ; car un sage a dit avec raison : *Est aliena vivere quadra miserrimum.* « Le comble de la misère, c'est de vivre au croc d'un autre. »

Avant d'en finir avec ces considérations générales sur la misère de ceux qui manquent d'argent, il est nécessaire aussi que je dise quelques mots de la misère de ceux qui en em-

pruntent ou qui contractent des dettes, ce qui est la conséquence inévitable du manque d'argent. En effet, celui qui ne
manque pas d'argent, n'a pas occasion d'en emprunter ; et
sous ce rapport on peut dire qu'il est heureux. Libre de toutes dettes, il ne redoute aucun danger. Il n'a pas besoin, par
conséquent, de recourir aux expédiens, aux ruses et aux dé-
tours secrets pour éviter des créanciers ; il peut se promener
la canne à la main et le cigare à la bouche sur les boule-
vards, passer par la rue de Clichy sans même songer où il se
trouve, et affronter le regard fauve du garde de commerce.

Tout au contraire, celui qui emprunte de l'argent se rend
tellement l'esclave de ses créanciers, qu'il n'a pas même le
droit de dire que son âme lui appartient. Il ne voit partout
que protêts, assignations, jugemens, contraintes, saisies,
huissiers et recors. La mélancolie dont est empreinte son
visage témoigne assez de l'état habituel de son esprit. Les
rêves les plus effrayans le poursuivent jusque dans son som-
meil. Il redoute la vue de ses meilleurs amis, car il est toujours tenté de les prendre pour d'impitoyables créanciers. Il
ferait un détour d'une lieue pour éviter la vue d'un individu
qu'il regarde toujours comme le plus mauvais gredin qui
existe ici-bas, parce que, après avoir été autrefois assez heureux pour lui rendre un léger service, il a aujourd'hui l'in-
délicatesse, la bassesse de le lui reprocher et de vouloir être
remboursé. Bref, l'homme qui doit est tellement chargé d'en-
traves de toute espèce, que, pour ne pas être logé à Clichy, il
n'en est pas moins prisonnier dans sa demeure. Toutes les
fois qu'on sonne, un tremblement fiévreux le saisit : il redoute
aussitôt que ce soit le garde du commerce qui a requis M. le

juge de paix et qui vient ainsi lui mettre la main dessus dans le domicile où il avait cru pouvoir trouver un sûr abri, ou encore quelque créancier venant lui demander d'un ton bref et hautain quand il entend le payer ; un créancier qui, reconnaissant qu'il n'a guère que la peau sur les os, le menace de les lui prendre, ses os ; finalement, un créancier qui, à la manière dont il le harcelle sans relâche ni pitié, fait précisément tout ce qu'il faut pour empêcher son infortuné débiteur de gagner l'argent avec lequel il pourrait le payer.

Mais ce n'est pas là tout, et il y a encore bien d'autres misères réservées à ce malheureux débiteur. Qu'il sache , en effet, que son créancier lui reproche jusqu'à ce qu'il mange, surtout si la qualité en est un peu au dessus de l'ordinaire. A entendre un créancier, tout débiteur ne devrait jamais se nourrir, lui et les siens, que de pain et d'eau, tout au plus. Qu'il lui arrive de mettre la poule au pot un dimanche, de se permettre une dinde rôtie, une douzaine d'huîtres, que dis-je ? rien qu'une demi-tasse au fameux café Momus, dont Dieu vous garde, ami lecteur ! puis, qu'un seul de ses créanciers le surprenne dans une pareille débauche, et parmi tous ceux à qui il doit quelque chose, ce ne sera plus dès lors que ces larmoyans refrains : « Il trouve bien de l'argent pour se goberger, pour avaler de bons morceaux, pour faire manger à sa famille les productions les plus fines, les plus délicates de chaque saison ; mais il ne sait pas en trouver pour nous payer ce qu'il nous doit. C'est un mange-tout, un homme sans ordre, un rien qui vaille. Il dîne mieux que moi, tel que vous me voyez ! » Et il se peut qu'en cela ce créancier dise vrai, non pas qu'il ne pût aisément aussi bien dîner que son débiteur ;

mais c'est que son avarice le porte à faire des économies et des profits même sur son ventre, et à se nourrir comme un pleutre, encore bien qu'il se vautre dans la richesse comme le porc dans la fange. Peut-être cependant le pauvre débiteur et sa famille auront-ils jeûné pendant toute la semaine, afin d'épargner de quoi acheter quelque mets un peu plus succulent pour le dimanche. Mais il aura peur qu'on ne le voie le manger ; pendant tout le temps qu'il restera à table, il aura grand soin que la porte de l'appartement demeure bien fermée. Que si l'on vient à sonner, il n'ira ouvrir qu'après avoir eu l'attention de faire enlever le mets accusateur. Là, de bonne foi, y a-t-il au monde de servage plus terrible, plus humiliant que celui-là ? Et ce n'est pas tout encore. Le pauvre débiteur ne tremblera pas moins d'être aperçu par ses créanciers, vêtu décemment. S'il avait jamais ce malheur, il n'y aurait aussi qu'un cri contre lui : « Voyez ! il sait bien trouver de l'argent pour s'habiller comme un seigneur ! pourquoi n'en trouve-t-il pas pour payer ses dettes ? » Comme si, parce qu'un homme doit de l'argent, il s'ensuive nécessairement qu'il soit à toujours condamné à aller nu ou en haillons. Le vieil usurier ne manquera pas non plus d'ajouter : « Je ne sais, en vérité, comment s'arrangent tous ces gaillards-là ! mais quant à moi, il me serait bien impossible d'aller ainsi vêtu. » C'est-à-dire que le vieux gueux s'en garderait bien, lui ! Quand il lui faut dépenser un sou, c'est comme s'il se tirait le plus pur de son sang. Voilà pourquoi vous le voyez toujours en haillons, ou bien avec des vêtemens si rapiécés, qu'il ne serait pas moins difficile de trouver qu'elle en fut la couleur primitive, que de remonter jusqu'à la source du Nil. Ainsi voilà le triste sort réservé à tout débiteur ; qu'il se donne quelque mets un peu succulent, il n'y portera la dent qu'en tremblant ; qu'il ait un habit propre et décent, et il aura peur d'être vu : tant ses créanciers sont naturellement disposés à lui reprocher le moindre bien-être dont il puisse lui arriver de se permettre la jouissance !

En voilà assez sur cette matière, et il me faut maintenant examiner les raisons qui font qu'on manque si souvent d'argent ; mais, avec votre permission, ce sera l'objet du chapitre suivant.

CHAPITRE III.

Recherches sur les causes qui font qu'on manque d'argent.

Puisqu'il est parfaitement démontré que l'argent est une chose si nécessaire, si utile ; puisqu'on est si malheureux quand on n'en a pas, il semble assez étrange que tant de gens en manquent, qui pourtant en connaissent très bien la valeur. Il n'est donc pas hors de propos d'examiner les causes d'où peut provenir cette pénurie si fréquente, bien entendu les causes communes et ordinaires, car il en est d'extraordinaires que tout l'esprit, toute la prudence du monde, sont impuissans à prévoir ou à éviter, par exemple, les incendies, les naufrages, les trombes dévastatrices, les tremblemens de terre, les révolutions politiques, etc. On ne saurait douter qu'il entre dans les vues de la divine Providence qu'il y ait dans toute société humaine des pauvres et des riches ; c'est ainsi que notre corps a besoin de pieds et de mains pour marcher et travailler à l'effet de procurer aux autres membres ce dont ils ont besoin, le ventre jouant pendant ce temps-là le rôle du riche et dévorant tout sans jamais prendre part aux travaux des autres. Mais les causes de la pauvreté des individus varient à l'infini. Les uns sont pauvres par état, et, satisfaits de leur lot ici-bas, ne cherchent jamais à améliorer leur situation et en seraient d'ailleurs incapables. Et cependant il n'est pas rare de voir Dieu élever les enfans et la postérité de ces individus-là aux positions les plus hautes dans l'administration, dans l'ordre judiciaire, dans l'armée ou dans l'Eglise; en faire des archevêques, des évêques, des présidens de cour royale, des ambassadeurs, des préfets, des généraux, des amiraux, des ministres, des receveurs généraux, des journalistes, des comédiens et autres grands personnages *ejusdem farinæ*. Ce qui, soit dit en passant, prouve que Martial n'a pas eu tout à fait raison de dire :

Pauper eris semper, si pauper es, Æmiliane.

« Tu resteras pauvre à jamais, Emilien, une fois que tu le seras devenu. » Convenons toutefois que c'est là, par tous pays, la condition du plus grand nombre. D'autres, après avoir possédé d'immenses propriétés, les ont perdues, comme si primitivement ces propriétés eussent été acquises par la violence, par la fraude, par l'usure, ou par des moyens analogues ; cas où, suivant l'ancien dicton, on les voit rarement passer aux troisièmes générations :

De male quæsitis vix gaudet tertius hæres.

« Le petit-fils n'hérite guère de biens mal acquis. » Il en est qui perdent leur fortune et tombent dans la misère et le besoin, par suite de leurs vices, adonnés qu'ils sont à l'ivrognerie ou aux femmes. En effet, Bacchus et Vénus vont toujours de conserve, et celui qui est familier avec l'un, n'est jamais étranger à l'autre.

Uno namque modo vina Venusque nocent.

« Le vin et les femmes nuisent de la même façon. » Il y

a aussi des gens qui sont continuellement dans la misère parce qu'ils sont paresseux avec délices. Bourdons de notre état social, ils sont indignes de vivre, attendu que celui qui ne travaille pas ne doit pas manger, *qui non laborat*, *non manducet.* Les villes et les campagnes abondent en gens de cette espèce. « La main diligente, dit notre grand roi Salomon, s'enrichira, tandis que le fainéant manquera de pain. » A propos de ces gens-là, je me rappelle ce qui advint un jour dans une ville d'Angleterre, à trois soldats condamnés à la peine capitale pour quelque manquement grave à la discipline. Différens habitans intercédèrent pour obtenir en leur faveur une commutation de peine, offrant de se charger d'eux à l'avenir et de les employer aux travaux de leurs industries respectives. Sur les trois condamnés, deux s'estimèrent bien heureux d'éviter le gibet en allant travailler, l'un chez un briquetier, l'autre chez un brasseur; mais le troisième, Irlandais de race, qu'un jardinier consentait à prendre chez lui pour l'occuper à soigner une houblonnière, refusa la grâce qu'on lui offrait, en disant qu'un homme comme lui n'était pas fait pour travailler à une houblonnière ainsi qu'un manant, et qu'il aimait bien mieux en finir tout de suite avec la vie. En conséquence de quoi il fut bel et bien pendu par son cou jusqu'à ce que mort s'ensuivît.

Combien aussi en voit-on qui, après avoir hérité de grands biens que leur laissaient en mourant des amis ou des parens, et ignorant la peine et les soins qu'il en avait coûté pour les acquérir, les dissipent lestement! C'est d'eux que parle Salomon quand il dit : « Il y a des gens qui possèdent des richesses sans avoir l'esprit de s'en servir. » Je me souviens, à ce propos, d'avoir lu dans l'Histoire de France de Delandine de Saint-Esprit que, sous le roi Henri III, il y avait à Paris un riche échevin appelé Trognon. (C'est lui qui a donné son nom à une petite et salle ruelle de la rue Saint-Denis, près l'apport Paris, où était situé son hôtel.) Ce Trognon-là, dont la famille s'est perpétuée jusqu'à nos jours dans le commerce des herbes cuites, et qui est même fort bien vue à la cour, n'avait qu'un fils unique. A sa mort, ce fils, qui héritait de je ne sais combien de centaines de mille livres tournois, s'imaginait qu'il lui serait impossible de jamais voir le fond de la lourde escarcelle que lui avait laissée son père. Ne sachant donc comment perdre plus vite son argent, il s'amusait à faire des ricochets dans la Seine avec des doublons, tout comme font les polissons des rues avec des morceaux d'assiettes ou des coquilles d'huître. Il fit tant et si bien, ce jeune Trognon, que trois ans après il en était réduit à mendier son pain à la porte de Saint-Jacques-la-Boucherie, à deux pas de la ruelle où était situé l'hôtel de feu son père.

Que de gens encore qui, nés avec une belle fortune et disposant de tout ce qu'il faut pour être heureux, se sont complétement ruinés par un mariage mal assorti ! Les uns, parce qu'ils se mariaient, contre l'avis de leurs parens et de leurs amis, avec quelque femme vaine, insensée ou légère, ou bien encore avec une de ces effrénées bavardes dont on a bien raison de dire que vaudrait mieux mille fois jeûner dans l'enfer que de dîner avec elles au logis, car du moins on n'y serait pas ahurri par le babil et le caquetage incessans de leur infatigable langue. C'est pourtant là ce qui fait qu'on voit tant de maris voyager par delà les mers, ou bien, lorsqu'ils ne peuvent pas quitter leur ville natale, aller de café en café, d'estaminet en estaminet, de cabaret en cabaret, uniquement pour être ailleurs que chez eux et se trouver de la sorte tout au moins à l'abri des cancans et des caquets sempiternels de leurs bavardes moitiés !

Il y en a aussi qui, séduits par quelque joli minois, passent contrat par devant M. le maire pour obtenir l'objet de leur flamme, et s'encanaillent dans une famille de bas lieu et sans éducation ni manières, habilement pipés quelquefois par des parens nécessiteux, au fond adroits fripons, qui savent exploiter leurs gendres pour refaire leur crédit, qui vous dénichent ces pauvres oisillons avant qu'ils aient des plumes, et qui vous les plument au vif avant même qu'ils aient pu s'en apercevoir. En effet, le papa beau-père, ou quelque parent plus ou moins proche les ont si bien entortillés avec les signatures qu'ils leur ont extorquées dès qu'ils ont eu vingt-un ans révolus, que c'est à grand' peine si des terres immenses dont ils avaient hérité il leur reste pour leurs vieux jours quelques perches de terrain où ils puissent faire venir des pommes de terre.

J'ai connu un gentilhomme de très bon lieu et qui n'avait pas moins de 50,000 fr. de rente au soleil, dans la Beauce. Il s'amouracha de la fille d'un cabaretier et en fit une grande dame. Mais alors survint le démon de la vanité, qui vous transforma la petite péronnelle en une femme mille fois plus orgueilleuse que si elle fût provenue de la souche la plus antique. Je ne nie pas que des femmes de basse extraction ne puissent quelquefois faire d'excellentes épouses, car, au bout du compte, *paupertas non est vitium*, « pauvreté n'est pas vice; » c'est bien pis, serez-vous peut-être tenté d'ajouter avec feu M. de Boufflers; mais la question n'est pas là : savez-vous où est le danger ? C'est que, lorsque les maris en ont assez de ces jolis minois, lorsqu'ils commencent à reconnaître qu'ils ont agi en véritables sots, ils se mettent à les mépriser, à courailler de droite et de gauche, à former des liaisons illicites dans lesquelles ils finissent par manger le fonds et le tréfonds. Ce n'est pas tout; car il arrive souvent que ces donzelles qu'on métamorphose en grandes dames sont de mauvaises créatures, orgueilleuses, impérieuses, ne se faisant pas le moins du monde scrupule d'abuser de leur influence sur leurs faibles maris, pour manger joyeusement leur fortune, en s'entourant de tous les raffinemens du luxe et d'une armée de valets. Aussi un vieux poète a-t-il eu bien raison de dire :

Asperius nihil est humili, cum surgit in altum.

« Il n'y a pas d'orgueil plus intolérable que celui du vanu-pieds qui vient à faire fortune. »

Un autre inconvénient de ces sortes de mariages, c'est la nuée de parasites, d'écornifleurs, de pique-assiettes, tous parens, alliés ou amis de la donzelle et des siens, qui tiennent à être témoins de son bonheur et surtout à goûter de sa cuisine. C'est là une plaie si terrible, si inévitable, que, pour qu'un jeune homme contracte un pareil mariage, il faut qu'il ait perdu tous ses parens, tous ses amis, ou que d'énormes distances le séparent du peu qui lui en restent.

Quelques autres, sous prétexte d'éviter tous ces inconvéniens, se décident à vivre aux dépens du tiers et du quart, et, comme on dit, à ne tâter du mariage qu'au xiiie arrondissement. Ce qui n'empêche pas qu'ils se ruinent encore plus vite de cette façon-là. En effet, ce sont tous les jours pour eux de nouvelles connaissances, des parties fines chez des traiteurs en renommée, des loges aux spectacles, des voitures de remise, de belles robes, des bijoux à la dernière mode (une lorette croirait déroger si elle allait à pied, si elle ne drapait pas sur ses épaules un cachemire de l'Inde, et si on la voyait ailleurs qu'aux avant-scènes), que sais-je encore? Sans compter non plus une nuée de parasites du plus bas étage se renouvelant sans cesse et habitués à tremper leur pain dans l'écuelle de la pécore que ces gens-là habillent en grande dame.

On voit aussi de bons et francs compagnons, tous le cœur sur la main, se laisser piper aux fausses démonstrations et protestations d'un tas de fripons qui simulent des revers subits, implorent avec des larmes dans les yeux et dans la voix un secours qui les remettra à flot, rien qu'une signature, un acte de garantie, un aval, la moindre des bagatelles de ce genre, au moyen de quoi ils seront sauvés. C'est d'ordinaire dans les cafés, les estaminets, à la suite d'une partie de dominos à quatre, ou bien encore d'une poule au billard, que se fait le tour en question aux dépens de ces bons diables, qui se laissent aller aux impulsions de leur bon cœur, et qui se ruinent au très grand profit de drôles et de fripons qui, par derrière, rient d'eux à gorge déployée.

Les causes de ruine et de misère varient du reste à l'infini. Combien de gens de votre connaissance sont tombés dans le besoin pour avoir été trop âpres au gain, trop cupides, pour n'avoir pas su se contenter de la petite fortune qu'ils avaient lentement acquise ou que leur avaient laissée leurs pères ; qui ont voulu toujours faire paroli sur le tapis vert de la Bourse, qui se sont jetés dans les primes, dans les reports, les fins-courant, les chemins de fer, les bitumes, les asphaltes, les journaux, les assurances ; qui, gonflés de vanité, veulent remplacer la chaumière paternelle par un palais, et qui se trouvent un beau jour n'avoir plus rien, lorsque le palais projeté est encore à peine au dessus de terre. Combien d'autres en sont là aussi, parce qu'ils se sont laissé gruger et piller à plaisir par des domestiques, qui auraient craint d'être taxés de lésinerie s'ils avaient fait attention à leurs affaires? *Qui modica spernit , paulatim defluit.* « Celui qui méprise les petites économies est bientôt coulé, » a dit un sage.

Il en est beaucoup trop qu'on voit réduits à la mendicité, parce qu'ils ont trop aimé les émotions cupides du jeu, qui s'étaient faits piliers de cercles, de clubs, de maisons de jeux et autres tripots autorisés ou non, tous lieux de perdition qu'on ne saurait mieux comparer qu'à ces sables mouvans où un homme disparaît tout à coup et à jamais, du moment où il a le malheur d'y mettre les pieds. Tout aussi fous assurément sont ces rêve-creux qui, aujourd'hui encore, soufflent du matin au soir dans des creusets pour y opérer la transmutation des métaux ou la cristallisation du carbone pour faire du diamant, qui songent encore à la direction des aérostats, à la quadrature du cercle, etc. ; qui inventent de nouveaux moteurs mécaniques, qui cherchent des habitans dans la lune, et qui, en s'occupant de semblables bali-

vernes, laissent aller leurs affaires à-vau-l'eau et se
trouvent un beau jour n'avoir plus rien à mettre sous la
dent ; *quod omen avertat*, ce dont Dieu vous garde, ami
lecteur !

———

CHAPITRE IV.

Portrait au naturel de ceux qui manquent d'argent.

L'homme qui n'a pas d'argent a presque toujours l'air soucieux et mélancolique, qu'il se trouve en compagnie ou qu'il soit seul ; surtout lorsque le temps est lourd, couvert ou pluvieux. Parlez-lui de n'importe quoi, c'est à grand' peine s'il prêtera l'oreille à ce que vous dites. Adressez-lui telles questions qu'il vous plaira, et vous n'obtiendrez jamais de lui que des monosyllabes pour toute réponse : *oui, non, si, point*. Il croira faire des frais immenses d'amabilité si, de temps à autre, il place dans la conversation, pour vous tenir en haleine, des *peut-être, assurément, sans doute, c'est bien possible, c'est vrai, cela s'est vu, merci*. S'il lui arrive de devenir plus loquace, de se déboutonner, il vous affirmera que le comte *chose*, que le duc *un tel*, que le marquis *machin* lui doivent des sommes énormes, qu'il ne peut pas leur arracher un sou ; il criera à la crise commerciale, ou monétaire, ou encore parlementaire, qui pèse sur toutes les transactions, qui resserre toutes les bourses, qui rend l'argent plus rare, plus cher que jamais et quasi impossible à trouver. Il déclamera ensuite contre l'agiotage, contre les chemins de fer, contre l'incurie d'un système stupide qui

abandonne le pays en curée aux loups-cerviers de la Bourse
aux hauts barons de la finance ; qui laisse l'Anglais nou
ruiner, nous inonder de ses produits, boire nos meilleur
vins et pomper le plus pur de notre richesse métallique; qu
vit au jour le jour; qui vendrait le pays tout entier à Pitt e
Cobourg s'ils vivaient encore, pour rester quelques jours d
plus au pouvoir; qui s'entend cordialement avec Metternicl
et Nicolas, qui un beau jour appellera les Cosaques de l'un
et les Croates de l'autre pour nous morigéner, rétablir en
France le régime du bon plaisir, faire un immense auto-da
fé de nos libertés, de nos institutions, et y brûler par dessus
le marché M. Chambolle du *Siècle* et M. Merruau du *Cons*
titutionnel, ces intrépides, ces énergiques, ces incorrupti-
bles défenseurs de nos droits politiques et des conquêtes de
nos deux révolutions, à savoir l'*immortelle* de 1789 et la
glorieuse de 1830. Cela doit vous expliquer parfaitement, à
moins que vous ne soyez la dernière des buses, pourquoi
vous le voyez, lui homme supérieur, méconnu et incompris,
marcher sur ses tiges, faire preuve de tant d'esprit et de talent, et de si peu de bottes et de chemises, porter un chapeau dit *pipelet,* plus crasseux encore que le collet de ce qui
représente sa redingote, et dîner à 16 sous avec MM. les sep-
tièmes et huitièmes clercs d'huissiers. Il lui est impossible de
jamais rester en place, il va et vient sans cesse d'un coin de
sa chambre à l'autre, comme l'ours Martin dans sa fosse au
Jardin-des-Plantes. Que la fortune moins cruelle lui fasse
rencontrer quelque vieille connaissance qu'il puisse encore
mettre à contribution pour un emprunt de quelques pièces de
vingt sous, et une métamorphose complète s'opérera dans

tout son individu. Sa joie sera si grande, qu'il verra mainte
nant tout en rose, et quelques verres de *sacré chien*, pris
par-ci par-là sur le comptoir, prolongeront jusqu'au lende-
main ces charmantes et enivrantes illusions.

—————

CHAPITRE V.

Conseils à ceux qui manquent d'argent, pour s'en procurer en tous temps
antant qu'il leur en faut.

S'il vous arrive jamais de tomber dans la pauvreté et la dé-
tresse par suite soit de la mort de vos parens ou de vos amis,
soit encore de toute espèce de revers imprévus, de mala-
dies, etc., ne vous laissez point aller au découragement, car
« pauvreté n'est pas vice, » *paupertas non est vitium*. C'est
avec raison qu'on a comparé notre état social au corps humain, qui se compose d'une multitude de parties différentes,
toutes utiles les unes aux autres et ne pouvant subsister
l'une sans l'autre. Ainsi le prince et les hommes d'Etat qui
siégent dans son conseil représentent la tête, les bras — la
force armée, le buste — le gros de la nation, les mains et les
pieds—les artisans, etc. Dieu a voulu, en effet, que tous les
hommes eussent besoin les uns des autres, et que pas un
d'eux ne vécût oisif et sans occupation. C'est pourquoi la paresse, véritable fléau des sociétés humaines, porte avec elle-
même son châtiment, car il lui est réservé d'aller en haillons
et de mendier son pain. Je me souviens à ce propos qu'un
jour que je me promenais à cheval au bois, un jeune gaillard, vigoureux et bien portant, s'en vint d'un air tout pi-
teux me demander l'aumône. Je lui répondis que, grand et

fort comme il était, il devrait avoir honte de mendier. A cela mon drôle de me répondre qu'il était malheureusement affligé d'une maladie dégoûtante et qu'il avait honte de nommer. Je lui jetai une pièce de dix sous, et m'éloignai. Puis il me vint à l'idée d'envoyer mon groom demander de ma part à ce drôle quelle était donc la maladie dégoûtante dont il était affligé. Notre gaillard refusant de s'expliquer, mon groom, pour lui délier la langue, le menaça de quelques bons coups de cravache ; alors le drôle lui avoua en bon français que sa maladie si dégoûtante à nommer n'était autre que la paresse qui l'empêchait de songer même à travailler.

Mais je m'aperçois qu'il vous tarde de savoir comment doit s'y prendre pour avoir de l'argent celui qui en manque. Soyez tranquille, j'arrive à mon sujet.

Je dirai à celui qui se trouve dans une semblable position que la première chose qu'il doit faire, c'est de se rappeler la profession ou l'industrie auxquelles on l'avait primitivement destiné. S'il appartient à la classe inférieure des travailleurs, et voilà surtout ceux qui peuvent se trouver en pareil cas, je lui dirai :

1º Soyez actif et industrieux, âpre à la besogne et pas du tout paresseux.

2º Gardez-vous de la paresse comme aussi de la société de tous compagnons vains et paresseux, ne sachant que musarder et flâner à droite et à gauche, que tuer le temps comme chose sans valeur, tandis que c'est sans contredit le bien le plus précieux qu'on puisse jamais posséder. Il n'y a pas, en effet, de signe avant-coureur plus certain de ruine et de destruction que la perte et le mauvais emploi qu'on fait de son temps. C'est là pourtant ce qui arrive souvent à des gens qui trouveraient très mauvais qu'on le leur reprochât. Combien, en effet, en voyez-vous qui dissipent la meilleure partie de leur temps dans les cafés, dans les tabagies où divans, dans les cabarets et guinguettes ; tous endroits plus ou moins mal famés, où on affirme ne dépenser jamais que des sommes minimes et tout à fait imperceptibles, mais où, en tout cas, on dissipe, sans s'en douter, une immense quantité de temps. D'aucuns n'y prennent pas garde et ne font attention qu'à ce qui sort de leur poche, sans songer à ce qu'il leur eût été facile de gagner pendant ce temps-là s'ils étaient restés, qui à sa boutique, qui à son atelier. On peut poser, en effet, en principe que tout industriel, que tout travailleur qui, sous prétexte de boire la goutte, a coutume d'entrer le matin dans un café où dans un cabaret, y perd au moins une heure à jaser et à fumer ; s'il y retourne le soir pour faire la partie de billard, de dominos ou de piquet, ce sera encore une bien autre affaire, car la perte de temps ne sera pas moindre de trois à quatre heures. Voilà donc, de compte fait, cinq heures de perdues. Or, je vous le demande un peu, quel est l'industriel, quel est le travailleur qui, en travaillant pendant ce temps-là, ne gagnerait pas tout au moins sa pièce de trente sous ? Si notre homme est chef de maison, s'il a des domestiques, des commis, il se peut en outre que, par suite de son absence de chez lui et du défaut de surveillance qui en est la conséquence, il perde tout autant qu'il manque à gagner ; de telle sorte que cette dépense de quatre sous par jour (deux sous pour la goutte du matin et deux sous pour la goutte du soir), qui à première vue paraît tout à fait insignifiante, le constitue réellement en perte d'un petit écu par jour, soit 1,200 francs par an. S'il avait, au contraire, le bon esprit de mettre cet argent de côté, il pourrait, sans nuire à ses affaires, sans s'en apercevoir même, amasser petit à petit de quoi établir son fils ou marier sa fille. Par ainsi, la meilleure manière de ne jamais manquer d'argent, c'est de se bien garder de la paresse, comme aussi de toute dépense inutile, et surtout de ne pas perdre inutilement son temps.

L'individu qui manque d'argent et qui voudrait en avoir n'a-t-il ni industrie ni métier, alors qu'il se tâte bien pour savoir quelle est sa véritable vocation. Est-il amoureux d'aventures, aime-t-il à voir du pays, serait-il bien aise de satisfaire tout à la fois sa curiosité et de servir sa patrie ? Qu'il prenne une feuille de route et s'en aille partager sur la terre d'Afrique les travaux et les fatigues de notre héroïque armée. En faisant preuve de zèle et d'exactitude dans son service, il aura bientôt gagné l'estime de ses chefs, et il est impossible que quelque action d'éclat ne devienne pas un jour pour lui une cause d'avancement, en même temps qu'une source de fortune. La vie de l'homme de mer a-t-elle pour lui plus d'attraits, qu'il s'engage dans la marine royale et là encore les mêmes causes doivent lui assurer les mêmes résultats. Il est possible qu'il ne se sente pas grande vocation pour la vie du soldat non plus que pour celle du marin, et cependant qu'il aime à voir du pays : eh bien ! alors qu'il parte pour quelqu'un de ces nouveaux États qui ont surgi en Amérique sur les ruines des ci-devant colonies espagnoles et où l'on a tant besoin de travailleurs en tout genre. Il n'est pas un seul de nos ports de quelque importance, où il ne se

4*

trouve des agens chargés par les divers gouvernemens d'enrôler des hommes de bonne volonté et de leur fournir les moyens de gagner une terre où le travail conduit immanquablement à la fortune. Pour peu qu'on ait été à l'école, on trouvera partout à gagner son pain en apprenant à lire et à écrire à de jeunes enfans, en confectionnant des rôles pour des gens de loi. Jamais les temps ne sont si durs qu'en cherchant bien on ne puisse, d'une façon ou d'autre, gagner de quoi subvenir à ses besoins. Bref, plutôt que de manquer misérablement d'argent et d'implorer la pitié d'autrui, travaillez et dites-vous qu'il n'y a pas de sots métiers, mais seulement de sottes gens.

Un autre précepte, qui est le corollaire obligé des conseils donnés ci-dessus à celui qui manque d'argent, c'est qu'il doit en outre apporter tous ses soins à se faire un ami (or, ils sont rares à trouver par le temps qui court), puis en user avec lui comme avec une glace de Venise, c'est-à-dire le manier aussi délicatement qu'il ferait d'un excellent rasoir anglais, avec lequel il se garderait bien de donner des taillades à tous les poteaux qu'il rencontre sur sa route, mais qu'il conserve, au contraire, pour ses besoins.

Je terminerai ce chapitre en recommandant à mon lecteur de s'appliquer en tout temps à gagner de l'argent par son travail et son activité, ainsi qu'à en amasser par son économie. Dès que vous en avez, lui dirai-je, appliquez-vous bien à le conserver ; en effet, le meilleur compagnon que vous puissiez jamais avoir, c'est de l'argent dans votre poche. Donc, comme on dit, soyez bon mari, et vous aurez bientôt un sou à dépenser, un sou à prêter et un sou pour un ami.

En effet, loin de moi l'idée de vouloir vous transformer en quelqu'un de ces misérables avaricieux qui n'économisent que pour amasser un argent dont ils se garderaient bien de se servir, et qu'on trouve un beau jour morts de faim sur un amas d'or. Mon but unique, c'est de vous rappeler qu'un sou économisé est un sou gagné ; mais que ce n'est pas là tout, et qu'il faut encore savoir s'en servir.

CHAPITRE VI.

Nouvelle méthode pour ordonner sa dépense.

On peut poser comme règle générale que celui qui veut faire honneur à ses affaires ne doit dépenser en tout que la moitié de son revenu ; mais il ne deviendra riche qu'à la condition de n'en dépenser que le tiers. On ne pourra jamais dire du plus grand seigneur qu'il déroge, parce qu'il soigne ses affaires et surveille ses biens. Quelques uns s'en dispensent, il est vrai, non pas seulement par négligence, mais aussi pour ne pas s'embarrasser de tous les tracas, de tous les soucis qui sont la conséquence obligée d'une pareille surveillance ; en effet, il n'y a pas de blessure qu'on puisse guérir avant de l'avoir préalablement sondée. Celui qui ne peut pas s'occuper de ses propres affaires doit tout au moins bien choisir ceux qui doivent le suppléer, et ensuite en changer souvent. Il y a en effet chez l'homme qui n'occupe une place que depuis quelque temps bien plus de zèle et en même temps bien moins de dispositions à la friponnerie. Un homme qui ne peut que très rarement s'occuper de ses affaires est trop enclin à s'en rapporter aveuglément à tout ce qu'on lui dit. S'il se montre généreux et magnifique dans quelques dépenses, il faut qu'il sache économiser sur d'autres ; ainsi, lorsqu'il est magnifique en ce qui concerne sa table, il doit savoir être économe en ce qui touche ses vêtemens ; de même encore, s'il dépense au salon, il lui faut être économe à la table, à l'écurie, etc.; car il est bien difficile que celui qui est dépensier en tout genre n'arrive pas bientôt à une déconfiture plus ou moins complète. En liquidant des dettes, une fortune, une succession, etc., on peut nuire à ses intérêts en procédant avec trop de précipitation, de même qu'en laissant aller les choses comme elles veulent. En effet, les réalisations trop promptes sont ordinairement aussi onéreuses que l'usure. D'ailleurs, celui qui s'acquitte d'un seul coup ne tardera pas à se laisser aller à des rechutes ; et la facilité même avec laquelle il se sera une première fois tiré d'embarras sera pour lui un motif de revenir à ses anciennes coutumes. Tout au contraire, celui qui s'acquitte petit à petit contracte des habitudes de frugalité et d'ordre, et ne réalise pas moins de bénéfices intellectuels que de bénéfices temporels. Personne ne peut nier que, lorsqu'il s'agit de remettre en état un bien de campagne tombé en ruines, il ne faut pas négliger les petites économies ; et d'ordinaire on se fait plus d'honneur à supprimer de petites dépenses qu'à s'abaisser à de petits profits. Il ne faut jamais commencer qu'avec une extrême réserve les dépenses qui doivent ensuite toujours continuer, tandis que, lorsqu'elles ont lieu une fois pour toutes, il est permis d'être plus large et plus magnifique.

C'est chose bien difficile pour un homme franc et avenant, que de tenir la boussole de sa fortune. Tantôt la fausse honte de ne pas faire comme les autres, tantôt la vaine et orgueilleuse démangeaison de les surpasser, fera petit à petit complètement sombrer son navire ; aussi peut-on dire avec

raison que rien ne contribue tant à l'infortune des individus que le laisser-aller dans les dépenses imprudentes. Il al-
tère tout de suite le caractère et l'humeur ; car, une fois le
besoin venu, celui qui était prodigue naguère devient aisément rapace. Le comble de la misère de l'homme assurément, c'est de ne savoir ainsi se modérer pas plus dans l'a-
bondance que dans le besoin.

On peut donc recommander à celui qui est désireux de sagement ordonner ses dépenses l'observation des règles suivantes :

1° Veillez à ce que vos recettes soient plus fortes que vos
dépenses ; car, si on n'y prend pas bien garde, on se ruine
bientôt petit à petit. Du moment où, au bout de l'année, le
total de votre recette dépasse celui de votre dépense rien que
de vingt francs, on peut dire que vous êtes en voie de pros-
périté. Du moment au contraire où c'est la dépense qui excède
la recette, ne fût-ce que de vingt francs, il est exact de dire
que vous êtes sur une pente rapide aboutissant à la ruine.

2° Tenez note exacte de tout ce que vous dépensez et de
tout ce que vous recevez ; sans quoi vous ne verrez jamais
clair dans vos affaires.

3° Balancez vos comptes au moins tous les trois mois.
C'est la meilleure manière de parfaitement vous rendre
compte de votre situation au juste, afin de rogner en temps
opportun dans le chapitre des dépenses, si vous remarquez
qu'il est plus élevé en chiffres que celui des recettes.

4° En dépensant votre argent, ne vous en rapportez pas à
vos domestiques, car il se peut qu'ils vous trompent dans les
petits détails, qu'ils vous en fassent voir de toutes les cou-

leurs, et que les petits larcins qu'ils commettent insensible-
ment à vos dépens finissent par former une somme fort
ronde.

5° En toute affaire d'importance, ne vous en rapportez qu'à
vous-même si vous voulez réussir.

6° Économisez en toute occasion, afin de pouvoir dépenser,
si jamais la nécessité s'en présente.

7° Ne vous avisez jamais de dépenser *aujourd'hui* dans
l'espoir de gagner *demain*. Un marchand prudent se gardera
bien d'augmenter sa dépense *à terre*, quand une bonne partie de sa fortune est *en mer*; redoutant en effet avec sagesse
ce qui peut arriver de pis, il a grand soin de tenir ferme et
bon ce qu'il a en main.

8° N'achetez jamais qu'argent comptant; faites vos acqui-
sitions là où les marchandises sont de bonne qualité et à bon
marché, et non pas histoire d'être agréable à des amis, à des
connaissances, qui trouveront peut-être fort mal que vous
ne vous laissiez pas duper par eux. D'ailleurs, le moins que
vous puissiez gagner à aller tantôt dans une boutique, tantôt dans une autre, c'est de l'expérience.

9° Soyez toujours disposé à donner de bons avis à tout le
monde, mais ne vous engagez pour personne. Si un parent,
un ami vous pressent à cet effet, refusez-leur votre signature;
ou bien, s'il vous est impossible de faire autrement, prêtez-
leur de votre argent, mais avec la garantie d'une troisième
signature.

10° Ne dépensez en frais de table que le quart de votre revenu. En fait de nourriture, tenez au solide et non au rare,

à la substance plutôt qu'à la recherche. Soyez sagement frugal dans vos sauces et assaisonnemens, et libéralement enjoué dans vos réceptions. Rappelez-vous que trop est vanité, et qu'assez est festin.

CHAPITRE VII.

Manière de faire des économies sur sa nourriture, sur ses vêtemens
sur ses plaisirs, etc.

Je n'en finirais jamais si je voulais énumérer toutes les
façons dont on peut s'y prendre pour dépenser son argent,
parmi lesquelles il y en a beaucoup qui sont absolument né-
cessaires ; car enfin on ne peut pas vivre sans manger, sans
boire, sans se vêtir, etc. ; sans compter une foule d'autres
besoins moins indispensables, comme des meubles, des livres, en un mot, tout ce qui peut contribuer à nous faire
honneur et à nous procurer d'honnêtes plaisirs. Cependant,
en dépensant son argent à l'effet de se procurer tous ces divers objets, il faut user de beaucoup de prudence et de dis-
crétion. Le fait est qu'après l'Angleterre peut-être la France
est très certainement le pays du monde où l'on dépense
l'argent avec le plus d'insouciance. Allez-vous-en en Italie,
à Venise, à Milan, à Florence, et vous y verrez les plus grands
seigneurs allant eux-mêmes au marché à l'effet d'acheter les
différentes provisions qui figureront sur les tables de leurs
Excellences et de leurs Magnificences. A la bonne heure
cela ! voilà ce qui s'appelle s'entendre à gouverner une fortune ! Je vous le demande un peu, pareille chose s'est-elle
jamais vue à Londres ou à Paris?

Mais il existe dans l'une et l'autre de ces grandes capi-
tales de déplorables habitudes de dépenses qui ruinent les
fortunes les mieux établies, et à plus forte raison qui sont
un obstacle dirimant à la création de toute espèce de fortune :
je veux parler de la coutume qu'ont un si grand nombre de
leurs habitans de hanter les cafés et les restaurans. Vous
entrez dans un de ces établissemens tout resplendissans de
glaces et de dorures, et vous parcourez la carte des mets du
jour, bien plus pour y choisir ce qui flattera votre sensualité
que pour savoir ce qu'il vous en coûtera en fin de compte.
Le déjeuner, le dîner finis, on vous présente l'*addition*, et
c'est alors qu'arrive le fameux quart d'heure de Rabelais.
Tous ces cafetiers, taverniers, traiteurs, restaurateurs, cabaretiers et gargotiers, que le diable confonde (car ce sont
tous gens qui s'entendent admirablement à vous plumer et à
vous écorcher tout vifs) ! n'ont pas honte de vous faire payer
le moindre objet qu'ils vous servent trois et même quatre
fois sa valeur. Sans doute il est juste qu'ils aient un bénéfice honnête, de quoi payer leurs frais de loyer, de contributions, d'éclairage, d'employés, etc.; et il n'est pas rare de
rencontrer dans cette classe des négocians aussi honorables
que loyaux, qui savent se contenter d'un bénéfice honnête
et qui vous servent un repas confortable, délicat, savoureux,
succulent à raison de 80 centimes par tête. Il me suffira à
cet égard de rappeler les noms européens des *Flicoteau*,
des *Viot*, des *Martin* et surtout celui de *Rousseau*, l'immortel
Rousseau, dit Rousseau *l'aquatique*, cette impérissable
gloire de la rue St-Jacques ! Mais ce qui m'indigne, c'est de
voir un ignoble et perfide gargotier comme Véry, comme

Douix, comme Philippe, avoir le front de vous demander
25 et 30 francs par tête pour le moindre régal, la moindre
politesse qu'il vous vient à l'idée d'offrir à quelques amis ou
encore à des gens avec qui vous avez l'espoir de parvenir de
la sorte à nouer d'utiles et profitables relations d'affaires.
Il m'est arrivé plusieurs fois dans ma vie d'être attiré dans
quelques uns de ces antres, de ces repaires hantés habituel-
lement par des gens qui n'ont d'autre Dieu que leur ventre ;
on me faisait une politesse dans l'espoir d'en tirer profit
directement ou indirectement et de m'entortiller d'une façon
ou d'une autre, et, soit dit en passant, le plus souvent ces
gens-là en ont été pour leurs frais, car j'étais en garde. Eh
bien ! je puis, la main sur la conscience, vous affirmer que
c'est le plus absurde préjugé que celui qui attribue une su-
périorité quelconque à la cuisine et à la cave de ces empoi-
sonneurs en réputation, à la mode, sur les produits des four-
neaux des honorables et loyaux restaurateurs que je citais
tout à l'heure en rendant à leur habileté, à leur honnêteté,
à leur probité, la pleine et entière justice qui leur est due.
Tout cela est une affaire de ton. MM. les Lions ont bien
leur intérêt à mettre ces maisons-là en réputation ; ils y
trouvent toujours crédit, car ce sont de ces boutiques où
les bonnes pratiques paient pour les mauvaises. Au reste,
m'est avis qu'on dîne toujours mille fois mieux chez soi, avec
un plat ou deux au plus servis tout simplement, que partout
ailleurs. La sobriété des anciens Romains, dont l'histoire
rapporte tant de frappans exemples, était vraiment admira-
ble ; et il en est encore de nos jours ainsi des Turcs, des Ita-
liens et des Espagnols, toutes nations chez lesquelles la

tempérance cesse d'être une vertu, puisqu'elle est dans leurs
habitudes et dans leurs goûts particuliers. Imitez-les et vous
vous en trouverez bien. Les exemples de longévité se ren-
contrent d'ordinaire chez les individus qui ont toujours été
sobres et tempérans : *Diutius vivunt qui vescuntur lacti-
niis,* dit avec raison un des préceptes de l'école de Salerne ;
ce qui signifie : « Ceux-là vivent long-temps qui se nour-
rissent de laitage , ou encore de fromage , de beurre et de
lait caillé ; » car notre grand rabbin Jedediah Mathusalem
ajoute avec raison : *Multa fercula multos morbos gignere ,*
attendu que leurs vertus diverses et opposées sont propres à
produire beaucoup de corruption dans le corps humain.

Une excellente manière d'économiser sur les frais de nourriture, soit qu'on voyage , soit qu'on habite la ville, c'est de
faire cuisine commune à trois ou quatre , chacun à tour de
rôle s'occupant des détails du ménage. Ces occupations n'ont
rien de dégradant. Homère nous apprend qu'Achille excel-
lait à préparer lui-même ses mets , en d'autres termes, à
faire la cuisine. La princesse Nausicaa lavait elle-même son
linge. Vous pouvez bien en faire autant , et l'argent que
vous économiserez de la sorte sera votre premier bénéfice.
Gardez-vous, comme de lieux empestés , de tous ces établissemens où l'hospitalité se vend au premier venu. Ayez soif :
il vous suffirait d'un verre de bière , d'un verre d'eau rou-
gie ; mais ces gens-là ne servent jamais une bouteille de
bière ou de vin , sans vous la compter tout entière, quand
bien même vous ne feriez qu'en verser un doigt ou deux
dans votre verre. Ce n'est pas tout, en vous rendant la monnaie de votre pièce , le garçon ne manquera pas de rester

planté devant vous comme un piquet tant que vous ne lui aurez pas donné un ou deux sous de gratification, ce qui constitue bien l'impôt le plus avilissant, le plus illégal, le plus immoral qu'il soit possible d'imaginer, et auquel le respect humain vous empêche trop souvent de vous soustraire. Il est vrai qu'à ce compte tous ces cabaretiers-là finissent par devenir des manières de seigneurs, par acheter de belles fermes, de beaux châteaux ; c'est à vous de décider s'il vous convient de contribuer à la fortune de gens qui ne vous feraient pas grâce d'un sou et qui vous prendraient votre chapeau en gage, si jamais vous aviez le malheur d'être entré chez eux sans argent et de ne pouvoir payer votre consommation.

Au reste, ce n'est pas seulement sur votre nourriture que vous pourrez faire de véritables économies. Il y a encore le chapitre de la toilette, qui chez les dames en est si généralement arrivé à former le chiffre le plus effrayant et le plus extravagant. Combien en voyez-vous, à travers les glaces de la devanture de leurs boutiques, qui ont sur elles la valeur d'une des échéances de leur mari ! Que de banqueroutes, que de faillites, que d'arrangemens sous la cheminée, qui n'ont d'autre cause première que la vanité de femmes qui ont voulu être vêtues comme des duchesses et des marquises, faire faire leurs robes, leurs corsets, leurs chapeaux, chez la faiseuse en réputation, ni plus ni moins que la dame du haut parage qu'elles comptent au nombre de leurs pratiques ! Et leurs dentelles, et leurs gants, et leurs mantelets de velours, et leurs brodequins ! A quoi bon tout ce luxe, si ce n'est à témoigner de leur immense vanité et à vider l'escarcelle de leurs imbéciles maris ?

J'insiste plus sur la dépense de toilette des femmes que sur celle des hommes, parce qu'aujourd'hui il y a justice à reconnaître que le bon sens public l'a réduite à sa plus simple expression. Il n'y a plus rien maintenant dans le costume qui distingue un épicier d'un pair de France ; pourtant je manquerais à mon devoir, si je n'indiquais pas aux hommes de bonne volonté le moyen de faire encore de notables profits sur ce chapitre. Je leur dirai donc : ne vous défiez pas moins du tailleur à façons que du confectionneur ; sachez vous mettre au dessus des vains et stupides préjugés, et allez acheter vos vêtemens tout bonnement chez le fripier. Voilà le seul fournisseur que doit connaître un homme sage, qui trouvera d'ailleurs souvent chez les marchands de cette espèce de précieuses occasions en fait de chaussure, de coiffure et de lingerie. Il y a tel fripier, le père Burdin, par exemple, qui vous donnera pour 20 francs une redingote que vous paieriez 170 chez Blin ; pour 5 francs, une paire de bottes vernies, que Mooss aurait l'insolence de vous compter 40 ; et pour 1 fr. 50 c., un excellent chapeau dans le dernier genre, que les exploitateurs du nom et de la réputation du célèbre Gibus ne rougiraient pas de vous vendre 16 fr., et ainsi du reste.

Après le chapitre de la toilette, arrive tout naturellement celui des plaisirs, et c'est ici que l'horizon s'agrandit et qu'il vous sera facile de réaliser des économies équivalant à de véritables fortunes.

Un homme sage, j'ai hâte de le dire, ne va jamais au spectacle en payant. Il accepte au contraire une de ces places sous le lustre que la direction met toujours à sa disposition, du moment où elle a pu entendre parler de ses qualités morales ainsi que de son goût épuré en matière de critique ; elle apprécie même si fort l'importance de ses appréciations littéraires, que pour capter sa bienveillance, elle met d'ordinaire des rafraîchissemens à sa disposition chez le marchand de vin ou le limonadier le plus voisin du théâtre. J'indique cette ressource tout d'abord, car les spectacles jouent un grand rôle dans la vie des Parisiens, et c'est à eux que mon livre s'adresse plus particulièrement. Cette observation une fois faite, *a priori*, je rentre dans les considérations morales qui se rattachent au sujet dont je m'occupe.

Telle est la fragilité de la nature humaine, qu'après un travail long et assidu on éprouve souvent le besoin impérieux de distraction, tant pour le corps que pour l'esprit, en un mot, de plaisirs physiques et de plaisirs intellectuels. Pour ceux-ci, le champ est immense aujourd'hui. Quel est l'homme qui n'oublierait pas toutes ses souffrances en lisant le feuilleton du *Siècle*, où brillent tour à tour Charles de Matharel, Elie Berthet, Louis Desnoyers, l'immortel auteur des *Béotiens*, et Eugène Guinot, le cavalier le plus gracieux, le plus accompli, l'écrivain le plus charmant dont puisse s'enorgueillir la littérature française ? Les plaisirs intellectuels, à la bonne heure, parlez-moi de ça ! Ils ne coûtent rien ou du moins peu de chose ; tandis que je n'en puis dire autant de la chasse, de l'équitation, de la promenade en voiture, etc. Et, à ce propos, je ne saurais d'ailleurs trop vous mettre en garde contre la fréquentation, que dis-je ? contre une simple apparition dans tous ces mauvais lieux que de perfides réclames, admises à beaux deniers comptant par les journaux de toutes couleurs, vous représentent incessamment comme le rendez-vous de la grande et belle compagnie. Foin donc du Château-Rouge, du parc d'Enghien, de la Chaumière, du bal Mabile et de tous ces bastringues de haut et de bas étage, où le moindre danger que court l'imprudent visiteur est de perdre son mouchoir, sa bourse ou sa montre, que lui subtilisera quelque *lion*, apprenti voleur, pour fournir aux caprices des Laïs et des Phrynés de carrefour, ornement obligé de tous ces lieux de débauche et de perdition !

M'est avis donc qu'en fait de plaisirs et de récréations, on peut poser les règles générales qui suivent :

1º Que vos récréations soient courtes et innocentes. Evitez avec soin toute espèce de jeux, ceux de commerce comme ceux de hasard ; la moindre perte en effet que vous puissiez y faire, c'est celle de votre temps.

2º Ne perdez jamais de vue l'étymologie du mot même *récréation* qui vient du latin *recreando*, ce qui implique l'idée d'une nouvelle création pour l'homme, à qui arrivent ainsi, comme une vie nouvelle, comme une vigueur nouvelle, alors que son esprit et son corps s'étaient fatigués et affaiblis à force de travail et de contention, et agissez en conséquence.

3º Évitez les plaisirs qui, au lieu de divertir l'esprit, n'aboutissent qu'à le surexciter : tel est par exemple le jeu des échecs, que Jacques Ier d'Angleterre, prince qui au demeurant avait du bon, appelait fort sensément *une folie sérieuse et philosophique.*

4º N'usez que des plaisirs qui ne laissent pas de regrets

après eux ; car avec l'idée seule du repentir tout plaisir s'évanouit.

5º Si donc l'honnêteté vous force d'accepter de temps en temps une partie de piquet, de boston, de dominos, n'y risquez jamais que l'argent que vous destinez à vos menus-plaisirs ; ou du moins que ce qui suffit pour vous intéresser au jeu, et non pas ce qui vous rendrait inquiet au sujet de l'issue de la partie, car alors il n'y aurait plus de plaisir pour vous.

6º Ne jouez jamais qu'avec des amis ou des gens de votre connaissance, et non avec le premier venu ou des étrangers dont le caractère et les habitudes vous sont inconnus.

7º Gardez-vous bien d'emprunter ni de prêter de l'argent pour jouer.

8º Dans tous vos plaisirs, évitez avec le plus grand soin tout ce qui peut donner lieu à des discussions, à des disputes, à des querelles.

9º Ne risquez jamais au jeu plus que vous ne voulez perdre.

10º Enfin, faites que vos plaisirs ne consistent jamais en pertes irréparables de temps ; choisissez au contraire ceux qui à l'agrément d'être transitoires joignent celui d'être favorables à la santé. Surtout qu'ils ne deviennent jamais votre grande affaire, car alors ils remplissent dans votre vie morale le même rôle que les sauces dans votre vie animale, et sont aussi nuisibles à la santé que dispendieux et inutiles. Evitez donc tous les jeux qui absorbent une grande quantité de temps, qui exigent des peines, des soins, une tension continuelle d'esprit, qui sont de nature à vous faire oublier vos devoirs, vos habitudes de chaque jour, qu'il faut bien vous garder de négliger, surtout si la subsistance de votre famille en dépend. Le temps le plus long consacré au plaisir s'écoule toujours avec une extrême rapidité ; n'usez donc du plaisir qu'autant qu'il a pour résultat de rendre votre corps et votre esprit plus aptes l'un et l'autre à remplir vos devoirs envers Dieu et envers vos semblables. Appliquez-vous sans cesse à faire de votre temps l'usage le plus profitable qu'il se pourra, comme agirait un homme à l'égard d'un bail qui est près d'expirer. Quand vous allez vous livrer à une récréation quelconque, rappelez-vous combien peu de temps vous avez à vivre ; dites-vous bien que vous ne devez pas dès lors le consumer en fainéantise, en vaines promenades, en bals et comédies, en vanités puériles... Et, en effet, l'homme n'est pas ici uniquement pour aller à la chasse, à la promenade, au bal ou à la comédie ; et il a certes à accomplir des destinées plus hautes et plus nobles !

CHAPITRE VIII.

Manière infaillible d'avoir toujours de l'argent en poche.

Celui qui veut toujours avoir de l'argent en poche doit d'abord commencer par être assez industrieux pour en gagner; il faut ensuite qu'il soit bien attentif à le garder; enfin, il doit savoir ne le dépenser qu'avec une extrême réserve.

1º Il doit être assez industrieux pour en gagner, savoir faire ses foins quand le soleil luit, carguer ses voiles quand vente une jolie brise, et se laisser aller au courant lorsque le torrent est plus fort que lui. L'argent, voyez-vous, est une maîtresse capricieuse et précieuse en diable, dont on n'obtient les faveurs qu'après lui avoir fait long-temps la cour; ce qui ne demande pas peu d'industrie et de travail. Si on n'est pas assez diligent, assez laborieux, pour gagner un sou, il est impossible de le garder en poche. C'est ce que nous enseignent surabondamment les textes sacrés, quand ils disent : « C'est la main laborieuse qui enrichit, » et quand ils nous assurent que « l'âme du fainéant souffrira de la faim. » Oui, Salomon, le grand Salomon, cet homme si renommé pour sa sagesse qu'il n'eut jamais son pareil, fait un tel éloge de l'amour du travail, qu'il demande : « Voyez-vous un homme diligent à l'œuvre? il viendra avant les rois; il

ne restera pas derrière le commun des hommes. » Par là il
a entendu dire que l'homme laborieux est digne des plus
grands honneurs et qu'il convient aux affaires les plus diffi-
ciles. En effet, l'homme laborieux et diligent n'épargnera
jamais sa peine dans les choses auxquelles on l'emploiera.
Il agit plus qu'il ne parle, car il sait que « tout travail amène
son bénéfice, et que le bavardage ne peut conduire qu'à la
pénurie. » Après nous avoir recommandé l'amour du travail, le sage par excellence nous fait voir les déplorables ef-
fets de la fainéantise ; il renvoie le paresseux à la fourmi
pour apprendre d'elle la sagesse ; il le compare à la fumée
pour les yeux, et au vinaigre pour le palais, et dit que la
route qu'il suit est toute semée de ronces et d'épines. Il nous
apprend encore que le paresseux est le frère du dissipateur.
« J'ai été, nous dit-il, dans le champ du paresseux ; hélas !
il était tout couvert d'épines et les ronces y avaient poussé
de toutes parts. » Tout cela prouve surabondamment que
celui qui veut toujours avoir de l'argent en poche doit être
laborieux, industrieux et nullement paresseux.

2º De même qu'il doit être assez industrieux, assez laborieux pour en gagner, il doit aussi être bien attentif à le
garder. En effet, s'il ne réunit pas ces deux qualités, elles
lui seront séparément tout à fait inutiles. L'une sans l'autre,
elles seront pour lui ce qu'était Marie-Jeanne, la vache à
Colas, qui donnait beaucoup de lait, et qui ensuite le renver-
sait toujours par quelque incartade de ses pieds. Je n'ai pas
besoin d'insister sur cette vérité, car on conçoit facilement
que celui qui se montre laborieux pour gagner de l'argent,
doit aussi savoir le garder. Je ne sache guère à cet égard

que les matelots qui fassent exception à cette règle générale. Sans doute, il n'y a personne qui travaille plus qu'eux ou qui risque davantage; et cependant il en est peu qui se montrent moins soucieux de le conserver, moins prudens à le dépenser. Le vice dominant aujourd'hui, au contraire, c'est peut-être l'excès même de la vertu que nous recommandons ici, c'est-à-dire qu'il est une foule de gens qui, après avoir su gagner de l'argent, s'entendent si bien à le conserver, que le cœur leur manque ensuite dans les occasions importantes où il leur faudrait le mettre dehors. Ils ont de l'argent chez eux, c'est vrai, mais ils ne savent pas s'en servir. Ces gens-là se gardent bien d'avoir de l'argent dans leurs poches, car ils auraient peur de le perdre, et leur coffre-fort en regorge. Ce n'est jamais qu'après sommation avec frais du percepteur des contributions directes qu'ils se décident à aller payer leur quote-part d'impôt; et encore ils ont grand soin d'user du bénéfice de la loi et de n'acquitter que les douzièmes échus. Aussi peut-on dire avec raison que, lorsque quelque flibustier d'industriel, entrepreneur de commandites, d'assurances sur la vie, etc., le leur pipe en les amorçant, avec la perspective de monstrueux dividendes, c'est pain bénit. C'est à ces stupides thésauriseurs-là qu'il faut attribuer la rareté du numéraire dont chacun souffre et se plaint aujourd'hui. Une fois tombé sous leurs griffes, l'argent ne revoit plus jamais la lumière du soleil que lorsqu'ils partent enfin pour un monde meilleur, ou encore lorsque quelque larron parvient à se l'approprier par ruse ou par force. Aussi est-ce avec raison qu'on a comparé l'argent ainsi enfoui dans leurs coffres à du fumier qui n'est d'aucune utilité tant qu'il reste

entassé, et qui, au contraire, répand la fertilité sur tous les
champs où on le disperse. C'est pourquoi Aristote disait que
le prodigue est, en définitive, plus utile à son pays que l'a-
vare, attendu que tous les métiers vivent et profitent des
folies du premier, comme tailleurs, merciers, rubanniers,
cordonniers, hôteliers, cabaretiers, etc., tous industriels que
l'avaricieux ne connaît même pas de nom.

3° Celui qui veut avoir toujours de l'argent en poche ne
doit pas seulement être assez diligent et assez laborieux
pour en gagner, assez économe pour le garder, il lui faut
encore user d'une grande prudence en le dépensant. Cette
proposition implique nécessairement que l'argent est fait
pour être dépensé, car sans cela qu'en ferait-on? On ne peut
ni le manger, ni le boire, ni se chauffer avec. Mais il a cet
avantage, qu'il procure tout ce qui peut conduire à un pareil résultat, c'est-à-dire qu'on achète avec de la viande, du
vin, des vêtemens, et tout ce dont on a besoin. L'utilité de
l'argent, c'est qu'on peut se procurer avec lui tout ce qui est
nécessaire. Or, c'est ici précisément que nous devons apporter toute notre attention. J'ajouterai encore qu'en dépensant
de l'argent, nous devons prendre garde qu'il nous vaille les
bénédictions des malheureux (j'entends ceux qui sont vraiment dans la peine et qui, dès lors, méritent d'être secou-
rus; tandis que je ne crois pas que ce soit charité bien en-
tendue que de faire l'aumône à des mendians de profession).
M'est avis que c'est là le meilleur usage que nous en puis-
sions faire, car cela s'appelle prêter à Dieu. Or, personne
n'offre d'aussi bonnes garanties ni ne paie de plus gros intérêts que lui. Étant une fois bien démontré que la plus ex-

trême prudence doit présider à toute espèce de dépense de votre part, si vous tenez à avoir toujours de l'argent en poche, il ne me reste plus qu'à vous donner à cet égard les quelques avis qui suivent :

PREMIÈREMENT. Que vos dépenses soient toujours en proportion avec vos gains, sans quoi il vous sera de toute impossibilité d'avoir toujours de l'argent en poche. Si vous ne gagnez que 15 francs par semaine et que vous en dépensiez 20, vous vous endetterez de 5 francs par semaine : déficit qui en peu de temps peut vous placer sous le coup de quelque bonne prise de corps, à la suite de laquelle vous irez pourrir pendant deux ans à Clichy. Si au contraire vous gagnez 20 francs par semaine et que vous n'en dépensiez que 15, vous vous trouverez en bénéfice de 5 francs par semaine, et vous n'aurez pas besoin de contracter le moindre emprunt ; par suite de quoi vous aurez toujours de l'argent en poche. Si vous ne gagnez par semaine que 15 francs, n'en dépensez que 12 ; si vous ne gagnez que 12 francs, n'en dépensez que 9, et ainsi de suite. En un mot, arrangez-vous toujours de telle façon que vous dépensiez toujours moins que vous ne gagnez. C'est un procédé infaillible, voyez-vous, pour avoir toujours de l'argent en poche.

SECONDEMENT. Sachez toujours au juste où vous en êtes, et veillez à ce que vos domestiques ne gaspillent pas votre bien. Les domestiques sont en effet la ruine d'une maison, pour peu qu'on leur laisse la bride sur le cou.

TROISIÈMEMENT. Gravez-vous bien dans l'esprit ces maximes d'un ancien sage : « Il ne faut ni trop épargner ni trop dépenser. N'épargnez que pour pouvoir dépenser, et ne dépensez que pour être plus à même de faire des économies. Celui qui dépense trop peut se trouver dans la gêne, et par suite dans le chagrin. Les seules économies profitables, ce sont celles qu'on fait pour pouvoir les dépenser. » ᵼ ·

QUATRIÈMEMENT. L'un des meilleurs moyens que je puisse recommander pour avoir toujours de l'argent en poche et pour se soucier du garde de commerce comme de Colin-Tampon, c'est de ne jamais se porter caution pour personne. Rien ne vous oblige à souffrir pour autrui, non plus qu'à porter la peine des torts des autres. Des millions d'individus ont été réduits à la mendicité pour n'avoir pas observé cette sage règle de conduite, et avoir au contraire assumé sur leurs propres têtes la responsabilité des folies et des fautes d'autrui. Si vous devez jamais souffrir, que ce ne soit que la conséquence de vos propres sottises, et gardez-vous bien de devenir le baudet chargé de porter le fardeau des autres. Que si un ami de cœur vient vous demander votre caution, donnez-lui une partie de ce que vous vous proposez d'économiser. S'il insiste davantage, ce ne peut être un ami, car l'amitié vraie préfère mille fois souffrir elle-même plutôt que de faire partager ses souffrances. Si vous vous engagez pour quelqu'un qui vous est absolument étranger, il faut que vous soyez trois fois fou. Si c'est pour un marchand, c'est comme si vous jetiez votre bien dans la rivière; si c'est pour quelque prêtre, vous serez finalement dupe, car vous ne pourrez jamais vous rembourser sur sa succession; si c'est pour un homme de loi, il torturera si bien le sens de chaque syllabe du contrat, que vous vous trouverez en fin de compte son débiteur au lieu d'être son créancier; si c'est pour quelque pauvre diable, c'est absolument comme si vous vous engagiez à payer vous-même; si c'est pour un riche, il ne devait pas avoir besoin de vous. Par ainsi, gardez-vous des cautions tout comme du faux et du meurtre. Le profit le plus clair que vous puissiez jamais en tirer, c'est que, si vous forcez l'individu pour lequel vous aurez répondu à s'exécuter et à payer, il deviendra infailliblement votre ennemi intime. Si vous êtes assez bonasse pour payer pour lui, vous vous réduirez à la mendicité. N'oubliez jamais que quelques vertus ou talens que vous possédiez, on les méprisera profondément si vous tombez dans la pauvreté. Souvent la pauvreté est une punition que Dieu nous inflige : c'est chose honteuse aux yeux des hommes, c'est la torture de l'esprit, le supplice de tout individu qui a du cœur. Pauvre, on ne peut être bon à rien pour soi-même non plus que pour les autres; on est enseveli dans ses vertus ou ses talens, sans avoir jamais occasion d'en faire preuve; on devient une charge, un épouvantail pour ses amis. C'est à qui fuira la société du pauvre, réduit bientôt à bassement tendre la main, à vivre au croc des autres, à flatter les plus indignes misérables, à user de moyens et de ressources malhonnêtes. Pour tout dire, la pauvreté, l'infâme pauvreté, que je hais et que je redoute plus que la mort, c'est elle qui porte les hommes à commettre les actions les plus honteuses et les plus criminelles. Or, comme tel est le sort qui vous est peut-être réservé si, par vanité ou par étourderie, vous vous engagez pour autrui, gardez-vous bien de le faire jamais, pour éviter cette plus effrayante des souffrances humaines, la pauvreté!

CHAPITRE IX.

Comme quoi il faut toujours avoir de l'argent en poche.

Aujourd'hui tout le monde crie misère, et vous m'obligeriez beaucoup de me montrer un homme de votre connaissance avouant qu'il n'est pas tout à fait réduit à la mendicité et qu'il lui reste encore quelque argent en poche. On dirait qu'une maladie épidémique a porté ses ravages sur tous les points de la France. Je vous défie de me citer une seule ville, si grande ou si petite que vous voudrez, où chacun ne vous dise : Le commerce est mort et jamais de mémoire d'homme les temps n'ont été aussi durs qu'à présent. Écoutez les fermiers : pour peu que cela dure, il n'y en a pas un qui ne soit prêt à mettre la clé sous la porte. S'agit-il des manufacturiers ? Ils fabriquent tous à perte, et courent à une ruine prochaine. Pour une place qui vient à vaquer dans les compagnies d'assurance, dans les chemins de fer, voire dans les études enfumées d'huissier, il y a cent compétiteurs pour se la disputer. Il ne se passe pas de jour où les chefs d'ateliers ne refusent d'embaucher vingt ouvriers venant demander de l'ouvrage, et offrant de se louer au rabais parce qu'ils manquent de pain. Raison de plus pour que vous ayez soin de bien garder votre argent dans votre poche.

On comparait un jour devant moi la fortune, l'argent, à un ballon que pourchassent avec ardeur devant eux quelques gaillards aussi lestes à jouer des pieds que des poings, tandis que le plus grand nombre fait galerie et ne peut pas une seule fois, dans toute une vie, le repousser à son tour du pied. Encore une raison pour que vous ayez soin de bien tenir l'argent qui est dans votre poche.

Allez chez les escompteurs, les marchands d'argent, les usuriers, tâchez de leur tirer rien que 500 fr. et vous m'en direz des nouvelles ! Ils ne vous donneront jamais un sou sans avoir obtenu de vous une bonne et solide hypothèque, ou bien sans un bon effet à courte échéance endo sé par quatre ou cinq signatures toutes plus notoirement valables l'une que l'autre. Cela me rappelle qu'un drôle de corps de ma connaissance s'en vint un jour trouver un de ces fesse-mathieu-là et demanda sans plus de cérémonie à lui emprunter un billet de 1,000 fr. pour trois mois. « Mon brave, je n'ai malheureusement pas l'honneur de vous connaître, » répond aussitôt l'homme d'argent. « Eh! c'est précisément la raison qui fait que je me présente chez vous pour vous emprunter de l'argent, reprit l'autre ; si d'aventure vous me connaissiez, est-ce que vous me prêteriez jamais un sou ? »

Quand vous aurez des débiteurs, que de fois il vous arrivera de ne pouvoir parvenir à retirer votre bien des griffes des plus riches tout comme des plus misérables ! Combien souvent un homme puissant, qui se trouvera vous devoir de l'argent, vous fera attendre des heures entières dans son antichambre, pour finalement vous déclarer qu'il ne peut encore rien vous donner aujourd'hui, que ce sera pour une autre fois, vous amusant ainsi par de belles promesses qui ne se réalisent jamais et vous faisant perdre par dessus le marché votre temps, et par suite les occasions de vous récupérer en faisant ailleurs quelque profit? Puis un beau jour vous recevrez une lettre de convocation chez quelque homme d'affaires chargé de vous offrir au nom de cet insolent débiteur, tombé en complète déconfiture, 5 % de votre créance une fois payés, ou bien même pour ne vous faire encore que de belles promesses dont la réalisation est remise aux futurs contingens, ce qui ne manquera pas de vous enrichir de la belle façon! *Promissis dives quilibet esse potest*, ce qui revient à dire en bon français : « Si les belles paroles et les belles promesses pouvaient être prises pour de l'argent monnayé, il n'y aurait plus de pauvres. » Il y a encore des débiteurs ainsi faits que, lorsque vous insistez pour recevoir ce qu'ils vous doivent depuis long-temps, ils se brouillent à tout jamais avec vous, sans pour cela vous payer davantage. C'est là encore une raison qui doit vous engager à bien tenir l'argent qui est dans votre poche.

Ayez un fils et avisez-vous de lui donner une éducation classique. Quelques dispositions qu'il annonce, jamais vous n'obtiendrez pour lui une bourse, même dans le collége le plus éloigné de Paris. Ces faveurs-là ne s'acccordent qu'aux enfans des riches. Entendez-vous le placer dans le commerce? Vous ne lui trouverez jamais de patron consentant à le recevoir comme apprenti si, pendant trois et quatre ans, vous ne vous engagez à lui payer exactement une pension d'un chiffre fort rond. Raison de plus à vous de bien tenir l'argent que vous avez en poche.

Je vous suppose père d'une fille aussi remarquable par sa beauté que par son esprit, sa grâce, son instruction, et douée en outre de toutes les vertus qu'on aime à trouver dans son sexe. Si pendant toute votre vie vous n'avez pas été bien économe, bien rangé, à l'effet de lui constituer une dot, je vous défie de lui jamais trouver un parti, vécût-elle, la pauvre fille, aussi long-temps que Creüse ou bien que la nourrice du pieux Enée :

Nam genus et formam regina pecunia donat.

« L'argent est un roi qui dispense à tous la naissance et la beauté. »

C'est là malheureusement une de ces vérités aussi vieilles que le monde, et qui en sont venues à n'être plus que des trivialités. Je vous la répète pour ce qu'elle vaut, et j'ajoute que les Hollandais ont un proverbe fort sensé. « Avec gentil minois et taille accorte, on ne peut rien acheter au marché. »

Tombez malade, et si le médecin a lieu de s'apercevoir que votre bourse a été récemment purgée, il lui en coûtera beaucoup de vous visiter. Il en sera de même de vos parens, de vos amis, de vos voisins. Tous ces gens-là, voyez-vous, bourdonnent au contraire sans cesse autour des riches comme les abeilles autour des saules ; et il n'est pas rare de voir le patient avoir plus à redouter leurs empressemens que la maladie elle-même qui le tient cloué sur son lit.

Vos études une fois terminées et avec les plus honorables succès encore, quelle que soit d'ailleurs la carrière que vous ayez choisie, je vous défie bien de parvenir à vous caser, si vous n'avez, en outre de votre mérite, une clé d'or à la main

pour vous faire ouvrir toutes les portes, qui sans cette précaution vous seraient impitoyablement fermées au nez.

Qu'il vous survienne le moindre des procès, et je vous défie bien de trouver un huissier, un avoué qui instrumente
pour vous, si vous n'avez pas la précaution de le payer d'a-
vance.

En voilà assez pour vous démontrer combien j'ai eu raison
de vous dire, en commençant ce dernier chapitre de mon petit
livre, qu'il vous faut en toute circonstance bien tenir dans
votre poche l'argent que vous y sentez. L'observation de ce
précepte est la seule base possible de toute fortune qu'on veut
rendre durable : c'est l'*a b c* de L'ART DE GAGNER DE L'AR-
GENT, art que j'ai fait de mon mieux pour mettre à votre portée, en vous le rendant à la fois *facile* et *agréable*. Puissé-
je avoir réussi !

FIN.

TABLE DES MATIÈRES.

——————

PRÉFACE. 5

CHAPITRE I. De l'origine et de l'invention de l'argent. . . 9

— II. De la misère et de l'infortune de ceux qui manquent d'argent, et qui, pour s'en procurer, contractent des dettes. 14

— III. Recherches sur les causes qui font qu'on manque d'argent. 26

— IV. Portrait au naturel de ceux qui manquent d'argent. 35

— V. Conseils à ceux qui manquent d'argent, pour s'en procurer en tous temps autant qu'il leur en faut. 38

— VI. Nouvelle méthode pour ordonner sa dépense. . 44

— VII. Manière de faire des économies sur sa nourriture, sur ses vêtemens, sur ses plaisirs, etc. 49

— VIII. Manière infaillible d'avoir toujours de l'argent en poche. 59

— IX. Comme quoi il faut avoir toujours de l'argent en poche. 66

46